湖南省普通高校教学改革研究重点项目

新工科视域下军事信息通信人才培养模式改革研究

张占田　贺有臣　刘　东　李世瑜

熊　涛　殷昌盛　张纪元　　　　著

国防工业出版社

·北京·

内 容 简 介

适应国家高等教育高质量内涵式发展和推进新工科建设发展的新要求新挑战，该专著坚持以新时代军事教育方针为指导，按照"问题牵引、需求导向、注重实践、持续改进"的研究思路，沿着"培养什么人——用什么培养人——怎么培养人"的逻辑脉络，深入研究了军事信息通信人才培养模式改革基本需求、指导思路和内容体系、方法路径、制度机制以及质量保证体系等重点内容，丰富完善了新时代军事信息通信人才培养的理论体系，为体系化设计、工程化推进军事信息通信人才培养模式改革提供了理论指导。

图书在版编目（CIP）数据

新工科视域下军事信息通信人才培养模式改革研究 /
张占田等著. —北京：国防工业出版社，2025.3.

ISBN 978-7-118-13620-3

I. E96

中国国家版本馆 CIP 数据核字第 2025ZH3528 号

※

国防工業出版社出版发行
（北京市海淀区紫竹院南路 23 号　邮政编码 100048）
北京虎彩文化传播有限公司印刷
新华书店经售

*

开本 710×1000　1/16　印张 9　字数 160 千字
2025 年 3 月第 1 版第 1 次印刷　印数 1—700 册　定价 68.00 元

(本书如有印装错误，我社负责调换)

国防书店：(010) 88540777　　　发行邮购：(010) 88540776
发行传真：(010) 88540755　　　发行业务：(010) 88540717

前　言

　　强军之道，要在得人。高素质专业化新型军事人才培养是建设世界一流军队、赢得军事竞争和未来战争主动的重要途径与关键环节。军事信息通信人才是新型军事人才的重要组成部分，也是推进军队网络信息体系建设快速发展、提高信息通信领域备战打仗水平的重要支撑要素，在军事人才培养体系中占据重要地位。长期以来，军队院校准确把握国防和军队建设对军事信息通信人才培养的需要，遵循军事高等教育和军事信息通信人才培养的内在规律，以信息通信领域相关学科专业为依托，适应国防和军队改革发展需要，持续开展人才培养模式改革探索实践，人才培养质量效益得到不断提升，为全军培养输送了一大批高素质专业人才。

　　进入新时代，国家和军队信息化建设向纵深推进，高等教育发展和军队建设环境发生了重大变化，建设世界一流军队、打赢信息化智能化战争、提升基于网络信息体系的联合作战能力，对培养一流军事信息通信人才提出了更高要求，军事信息通信人才培养面临全新的形势任务。为适应国家高等教育高质量内涵式发展和推进新工科建设发展的新要求、新挑战，我们深入学习贯彻新时代军事教育方针和习主席关于加强高素质专业化新型军事人才培养的重要论述精神，依托湖南省普通高等学校教学改革研究重点项目，对新时代军事信息通信人才培养模式改革问题进行了探索研究，充分借鉴新工科建设和人才培养的理念与思路，积极探寻新时代军事信息通信人才培养的新模式。

全书共八章。第一章绪论，第二章军事信息通信人才培养模式改革研究逻辑起点，第三章新工科视域下军事信息通信人才培养模式改革指导，第四章新工科视域下军事信息通信人才培养目标要求，第五章新工科视域下军事信息通信人才培养内容体系，第六章新工科视域下军事信息通信人才培养方法途径，第七章新工科视域下军事信息通信人才培养制度机制，第八章新工科视域下军事信息通信人才培养质量保证。

本书研究撰写过程中，参阅了大量军内外高等教育领域的相关文献，在此，向这些文献的作者致以诚挚的谢意。由于军事信息通信人才培养模式改革尚在探索之中，受作者时间、水平和精力的局限，许多问题的研究还不够深入透彻，目前的研究成果还很初步，书中观点认识难免存在一些不足之处，恳请广大读者批评指正。同时，也真诚地期待本书的付梓能够起到抛砖引玉的作用，为更多的学者投入到军事教育理论研究创新和推动一流军事人才培养模式改革深化研究贡献绵薄之力。

作　者

2024 年 10 月 20 日

目　录

第一章 绪 论

2017 年以来，为主动应对新一轮科技革命和产业革命，支撑服务创新驱动发展、"中国制造 2025"等一系列国家战略，教育部积极推进"面向产业、面向世界、面向未来"的新工科建设的探索与实践。与此同时，军队开启了新一轮军队院校调整改革，紧贴世界一流军队建设要求，加快推进高素质专业化新型军事人才培养。在高等教育高质量内涵式发展、学科专业深度交叉融合和军队院校调整改革深入推进的大背景下，如何优化完善军事信息通信人才培养的顶层设计，成为军队信息通信院校的一个紧迫任务。

一、选题依据与研究意义

强军之道，要在得人。当前，军队建设加快机械化信息化智能化融合发展，对高素质专业化军事人才的需要比以往任何时候都更加迫切。培养高素质军事信息通信人才既是新时代军队院校高质量内涵式发展的内生需求，也是推动我军网络信息体系建设快速发展、提高信息通信领域备战打仗水平的必然要求。当前，深入开展新工科视域下的军事信息通信人才培养模式改革研究恰逢其时。

（一）选题依据

人才培养模式改革是高校教育教学改革中全局性、系统性的工作，一直是我国高等教育教学改革工作中的重点和关键。当前，开展新工科视域下军事信息通信人才培养模式改革问题研究主要源于三个方面依据：一是理论依据方面，适应新一轮科技革命、经济形态发展、产业转型升级、学科交叉融合等要求，近年来，高等教育领域先后形成"复旦共识""天大行动""北京指南"新工科建设理念，以及"产出导向、学生中心和持续改进"的教育理念，推动了高等教育理论不断创新，为新时代军事信息通信人才培养模式改革提供了理论支撑；二是实践依据方面，加快推进世界一流军队建设、构建军队网络信息体系和打赢信息化智能化战争对军事信息通信人才培养提出了更高要求，虽然近年来军队院校在人才培养理念、培养模式等各方面进行了改革并取得了一定的成效，但从实践情况来看，我军信息通信院校人才培养质量还难以适应创建世界一流军队发展要求，推进教育理念更新、教学内容改革和深化战教耦合是破解当前军事信息通信人才培养瓶颈问题的现实急需；三是政策依据方面，瞄准高等教育高质量内涵式发展，国家教育部先后出台《关于开展新工科研究与实践的通知》《关于推进新工科研究与实践项目的通知》等政策文件，先后批准了二批共计 1400 余个国家级新工科研究与实践项目，加快推进新工科建设落地生效，国防科技大学和各军种工程大学等军队院校也开始推动强军新工科的研究探索，国防科技大学于 2021 年 11 月组织了"强军新工科论坛"征文研讨活动，并于 2022 年结集出版了该研讨活动的理论成果，强军新工科建设研究成果逐渐进入军队院校教学改革方案。

（二）研究目的

坚持以习近平强军思想为基本遵循，以新时代军事教育方针为指导，全面贯彻落实现代高等教育新理念，着眼支撑世界一流军队建设和打赢信息化智能化战争，依据面向战场、面向部队、面向未来的标准，深入研究新工科建设对军事信息通信人才培养的新要求，体系设计军事信息通信人才培养的目标规格、内容体系、过程方式、管理制度和评价标准，研究论证推进军事信息通信人才培养模式改革的策略与方法路径，为推进信息通信院校教育教学改革、提高军事信息通信人才培养质量提供理论支撑。

（三）研究意义

新工科建设是应对新时代挑战、服务国家发展战略、满足产业升级需求而提出来的一项深化教育改革的重大行动计划。适应建设世界一流军队发展要求，加快培养高素质专业化新型军事信息通信人才是当前军队院校教育贯彻新时代军事教育方针、推进改革创新发展的一项重要任务。开展新工科视域下军事信息通信人才培养模式改革相关问题研究，对运用新工科思维推进军队院校信息通信类学科专业升级完善、提高军事信息通信人才培养质量具有重要的理论指导意义和实践应用价值。一是对标新工科人才培养目标要求，研究细化军事信息通信人才培养目标模型和毕业标准，有助于相关培训班次人才培养方案的修订完善。二是参考新工科人才产教融合培养模式，研究论证军事信息通信人才院校教育与部队岗位训练实践的融合途径，有助于健全军事信息通信人才培养机制、提高学员服务备战保通的岗位任职能力。三是借鉴新工科背景下信息与通信工程专业建设经验推进军事信息通信类专业建设，有助于军事信息通信类学科专业建设融入国家"双一流"建设总体布局。四是将国内外新工科建设研究创新思维和成果运用到军事信息通信人才教育培养领域，有助于推进军事通信学科专业内涵式发展。总而言之，这项课题研究对于贯彻落实习近平主席关于军队院校建设的重要论述、贯彻落实新时代军事教育方针、推进军队院校长远建设发展具有重要的理论价值和实践意义。

二、国内外研究现状及评价

近年来，国内外专家学者围绕新工科建设、人才培养模式改革等问题展开了系列研究，也取得了诸多研究进展。

（一）国内研究现状

通过查询相关参考文献了解到，当前本领域的研究情况主要包括以下几个方面。

1. 关于新工科建设方面

自 2017 年"新工科"概念提出以来，国内高等教育领域专家学者迅速开启了相关研究，已取得部分研究成果。例如，钟登华院士认为新工科本质上是一种新型的工程教育，主要培养面向未来的创新型卓越工程人才。清华大学林健教授认为新工科主要面向工程学科，"新"包含新兴、新型和新生，新工科代表的是最新的产业或行业发展方向，指的是正在形成的或将要形成的新的工程学科。吴爱华教授提出，新工科的建设一方面要设置和发展一批新兴工科，另一方面要从理念、结构、模式、质量以及新体系等方面入手推动现有工科的改革创新。姜晓坤等同志认为，新工科是一个动态的、相对的概念，从培养理念、范式转换、培养目标、素质结构、培养方式等方面提出了新工科的构建策略。近年来，军队院校的专家学者也围绕军校实际展开相关研究，提出了"强军新工科"的概念。例如，海军工程大学卞鸿巍教授提出，军队院校应当借鉴新工科人才培养的相关经验，优化课程体系，创新"教"与"学"的模式，突出学员主体地位。国防科技大学空天科学学院刘双科教授等认为，适应军事高等教育院校改革发展的新形势、新要求，探索面向强军新工科的军校工科专业建设实践势在必行。

2. 关于人才培养模式方面

人才培养模式是高等教育领域的一个基本问题，但我国教育领域提出并研究讨论人才培养模式是近 40 多年特别是近几年的事。1983 年，文育林在《高等教育研究》发表论文《改革人才培养模式，按学科设置专业》，首次提出了人才培养模式的概念，并就如何进行高等工程教育人才培养模式改革进行了论述。国家教育行政部门在 1998 年颁发的《关于深化教学改革，培养适应 21 世纪需要的高质量人才的意见》中首次对人才培养模式给出界定。1999 年，龚怡祖教授在其专著《论大学人才培养模式》中首次系统地论述了人才培养模式的含义、构成要素等内容。近年来，关于人才培养模式的研究比较多，基本共识是人才培养模式属于过程的范畴，可以按照静态样式和动态机制两个维度来界定。但在具体的静态样式和动态机制选择上的侧重点有所不同，主要有"组织形式+运行机制"论、"样式+方式"论、"理念+目标+方式"论、"理论模型+操作样式"论等观点。基于对人才培养模式内涵的不同见解，学界对人才培养模式的构成要素也尚未达成共识，有培养目标、培养过程、培养制度、培养评价的四要素说，也有培养目标、培养制度、专业设置、课程体系、培养途径、质量评价的六要素说，还有人才培养理念、专业设置模式、课程设置方式、教学制度体系、教学组织形式、教学管理模式、隐形课程形式、教学评价方式的八要素说。2017 年以来，随着"双一流"建设与"新工科"建设的提出，人才培养模式改革又重新成为高等教育理论研究的焦点。莫甲凤教授指出，世界一流研究型大学的本科人才培养目标，已从知识积累转向更加注重能力培养，并着重通过改革创新人才培养模式来实现培养目标。

3. 关于新工科视域下人才培养模式方面

如何适应新工科建设发展要求，如何提高人才培养质量，军地高校的学者也做了一些研究探索。例如，龙奋杰等撰文从经济社会发展和行业企业需求出发，结合我国高等工程教育现状，分析了新工科人才新能力培养的基本要求，建构了新工科人才新能力的内涵及表现；卢晶琦等提出按照"以研促学、知行融合、研赛相长"的思路，改革人才培养机制，积极探索"立地式"创新人才培养模式。长春大学赵雷等认为，地方高校应以行业需求为导向，坚持开放育人，探索新工科背景下人才培养模式转型；西安电子科技大学赵聪慧硕士结合我国国情，从育人目标、培养内容、制度建设等方面提出了构建新工科产教结合育人模式的构想；广西师范大学王松博硕士提出，应当从推广一体化教学、多方协同育人等方面加强人才培养模式改革。尹晶等认为，新工科视域下人才培养应注重知识和技能的结合、加强创新能力培养、提高人才综合素质。军事高等教育是国家高等教育的重要组成部分，新工科人才培养目标与军事人才目标具有一致性，军事教育专家认为，将新工科建设理念在军事教育领域推广应用是必然趋势，有助于形成科学完善的教育理论体系。国防科技大学杨耀辉教授在论文《从国家"新工科"建设看军队本科生首次任职教育》中，提出了军事人才培养要抓住"以本为本"的基点、突出"军事工匠"的指向，紧跟"战争演进"的潮流，开展全程化设计、一体化培养和多样化施训。陆军军事交通学院陈成法等在分析"新工科"人才培养模式特点的基础上，从进一步优化培养目标、课程体系、管理制度和教学手段等方面提出了改进军队院校人才培养模式的建议。国防科技大学系统工程学院老松杨教授研究了军事人才与地方新工科人才的区别，认为军队院校急需大力推进强军新工科建设，提高军事人才指挥素养和技术水平。陆军工程大学柏林元等分析了我军工程兵生长军官培养模式存在的问题弊端，提出了适应军队院校调整改革需要，完善了生长军官融合式培养模式设计的基本原则和主要内容。

4. 关于军事信息通信人才培养方面

高素质军事信息通信人才是建设信息化军队和打赢信息化智能化战争的重要力量，世界各军事强国都高度重视军事信息通信人才培养，并不断推进人才培养模式改革实践。我军学者也开展了军事信息通信人才培养理论的研究，原国防信息学院鲁建宏等提出了"依托优势明显、条件较好、办学水平较高、发展潜力较大的军队院校，对军事信息通信人才进行集约培养"的建议。赵子早教授在《信息化条件下军事通信人才培养》一文中从创新培养机制、探索培养路子、拓宽培养渠道等方面论述了提高人才培养质量的措施。国防科技大学信息通信学院倪倩从确立超前培养理念、合理设计培养内容、采用多种培养方式等方面提出培养联合作战信息通信人才胜任力的建议。郭文普等从明确定位确立培养目标、对标国家规范和训练大纲规范专业课程体系、紧盯实战化构建实践教学体系等方面，提出了完善信息通信专业人才培养体系的设想。国防科技大学信息通信学院李锋锐处长等研究提出了信息通信领域"军事智将"型指挥管理人才、"科技巨匠"型专业技术人才和"技术能匠"型操作技能人才培养的目标以及具体抓手。国防科技大学信息通信学院孙军教授等撰文提出，要适应新时代的变化要求，通过进一步深化教学内容与方法创新，不断完善新时代信息保障专业人才培养模式。火箭军指挥学院周继文教授提出，要通过紧贴岗位任职需求完善人才培养体系、围绕信息素养创新培养内容、围绕个性化成长诉求改进培养方法等方面，完善联合作战信息保障人才培养模式。

（二）国外研究现状

国外学者在新工科建设和军事信息通信人才培养方面也有部分相关研究成果。

1. 关于新工科建设方面

新工科是我国教育领域近年来提出来的专有名词，没有查阅到国外关于新工科建设的具体文献。但国外教育领域围绕高等工程教育面临新机遇、新挑战，对工程教育人才培养模式进行了深入的研究和实践探索，具体成果体现在"一个转型计划"和"三个经典范式"等方面。"一个转型计划"是指美国麻省理工学院的 2017 年 8 月发起的工程教育改革——"新工程教育转型"（the New Engineering Education Transformation，NEET）计划；三个经典范式分别是指 OBE 范式（以学生毕业时应具备的能力为导向构建整个工程教育模式）、CDIO 范式（通过"构思—设计—实施—操作"的整个生命周期的教育理念，赋予工程师教育新的活力、基础知识的深入学习以及工程师如何更好的贡献社会的技能，它能点燃工程师们的激情）、Co-op 范式（企业用人单位、学校教育和工作实践相结合的本科生培养）。这些工程教育理念和范式对我国新工科建设具有重要的借鉴意义。

2. 关于军事信息通信人才培养方面

关于军事信息通信人才培养的问题，国外军队专家也有一些相关论述，如美军认为，军事信息通信人才培养应从各军兵种精选出有发展潜力的军官，通过开设应用信息技术、信息系统应用、信息作战实验研究等课程，提高其任职能力。俄军提出"无线电对抗""电子斗争"等传统学科专业应根据战争的变化与要求调整课程设置与教学内容。特别是随着新一轮科技和产业革命的快速发展，世界新军事变革由信息化向智能化迈进，西方军队也纷纷推进军事人才培养模式改革创新，以确保未来的军官能够适应战争形态和作战方式的深刻变化，其中，重视首次岗位任职能力的培养目标、分段式培养模式等方面的观点，值得我们在教学改革中学习借鉴。

（三）研究现状总体评价

通过上述文献分析，虽然我国在国家指导层面已经形成"复旦共识""天大行动""北京指南"等指导性文件，但由于受新工科概念提出时间还不长的限制，大多数关于新工科和新工科视域下人才培养的相关文献还集中在内涵和框架建设方面，具体研究成果大多只是停留在从理论上初步探索的阶段，对人才培养模式改革的系统研究还不够深入。尤其是军队院校结合新型军事人才培养对新工科建设的研究才刚刚起步，对于在新工科建设背景下，怎样依托国家高等教育体系改革推进军队院校信息通信专业建设、细化信息通信人才培养标准、优化信息通信专业课程设置、完善信息通信人才培养路径等问题的研究目前还尚未涉及，今后亟待围绕上述相关问题展开深入研究。

三、主要研究内容

本书深入贯彻落实习近平强军思想和关于高等教育的系列论述精神，以新时代军事教育方针为依据，着眼满足建设世界一流军队人才需求，结合军队院校军事信息通信人才培养实际，遵循新时代军事信息通信人才培养的内在规律，积极转换运用军地高校新工科建设相关研究实践成果，按照"问题牵引、需求导向、注重实践、持续改进"的研究思路，运用工程化的方法，沿着"培养什么人—用什么培养人—怎么培养人"的逻辑脉络，加强人才培养模式改革重难点问题的研究论证，重点解决当前军事信息通信人才培养中存在的几个突出问题：一是军事信息通信人才培养体系与新时代"双一流"建设目标要求、新工科建设范式还不相适应的问题；二是军事信息通信人才培养产出导向的理念体现不够，教学内容与首次任职岗位能力培训不相适应的问题；三是军事信息通信人才培养中院校教学与部队训练实践结合不够紧密，教学模式与实战化要求不相适应的问题；四是人才培养方案和课程教学内容动态更新机制不畅，人才培养评价和改进体系与教学内容动态化更新要求还不相适应的问题。通过对新工科视域下军事信息通信人才培养模式改革问题的系统研究，力求使研究成果能够紧贴新体制下军事信息通信人才培养的实际需求，科学指导和规范军队院校教学改革工作落实。

（一）研究新工科建设对军事信息通信人才培养的挑战

在剖析新工科、军事信息通信人才和培养模式改革等概念的基础上，从适应通信工程专业向新工科转型升级发展的需要、实现首次任职教育与本科学历教育深度融合的需要和统筹指挥管理类和专业技术类军官一体培养的需要等方面，分析新工科建设对军事信息通信人才培养带来的新要求、新挑战。

（二）提出军事信息通信人才培养模式改革的基本思路

本书力求客观分析当前我军信息通信人才培养面临的时代背景，从同校合训模式、合训分流模式、融合式培养模式三个阶段回顾我军信息通信人才培养模式改革发展历程，重点分析 2017 年军队院校实行的生长军官本科学历教育与首次任职培训融合式培养模式的学历教育与任职培训有机融合、指挥教育与非指挥教育深度融合、院校教育与部队训练紧密衔接的新特点，对标建设世界一流军队和推进网络信息体系建设运用要求，查找了当前军事信息通信人才培养在专业设置、课程体系等方面存在的问题，提出了推进军事信息通信人才培养模式改革的指导思想。

（三）论证新工科视域下军事信息通信人才培养目标要求

坚持新工科的理念，以"指技融合"为导向，以岗位需求为牵引，以"胜任力+创新力"为核心，融入新工科教育理念，重构军事信息通信专业人才岗位领域能力素质模型，优化培养目标和培养标准。一是从军事信息下通信人才岗位类型和岗位职责入手，倒推军事信息通信人才培养的业务知识需求、业务能力需求和综合素质需求，构建军事信息通信院校应用型人才培养"胜任力+创新力"模型。二是根据信息通信专业军官成长周期，从近期发展目标和中长期目标两个层面勾勒军事信息通信专业生长军官学员培养目标。三是遵循新工科通用标准的制定原则和思路，以军队院校教学评价相关标准要求为底线，以具体广泛认可度的《中国工程教育认证通用标准》为基础，统筹考虑岗位胜任力和创新力，从专业知识、职业素质、工程能力、任职能力、合作与发展能力 5 个方面细化军事信息通信类专业生长军官本科学员毕业标准。

（四）重构新工科视域下军事信息通信人才培养内容体系

科学把握学科交叉融合发展机遇，借鉴"新工科"建设经验，遵循供给侧改革的发展观，重构了军事信息通信人才培养内容体系。一是提出新型军事信息通信类专业设置的思路。借鉴新工科专业设置经验，回归培养军事指挥人才的军事学专业建设初心，提出"新军科"专业设置理念，增设信息通信类军事本科专业的基本策略和融入国家高等教育评估认证体系的要求。二是提出课程体系改革的基本方向。按照"胜任力+创新力"的培养目标，遵循更加注重首次任职岗位胜任能力培养、更加注重创新精神的培育、更加注重运用多学科知识解决通信领域的复杂工程问题的思路，要夯实公共基础和通识课程，拓展通信工程基础课程，优化专业应用技能课程，增加学科前沿动态课程，强化综合实践课程。三是明确教学内容设计方法。充分发挥学院高等教育优势资源，在保持传统任职教育课程贴近部队岗位的优势的同时，增加定量分析、工程化方法和技术应用等内容比重，强化思维方法和创新能力培养，构建"矩阵式"教学内容体系，梳理"主线式"课堂知识点，编写"工程化"课程教材。

（五）设计新工科视域下军事信息通信人才培养方法路径

借鉴高等工程教育模式和新工科范式，聚焦学员首次岗位任职能力生成和持续发展能力的培养，运用高等教育项目化教学的理念，强化实践化教学环节，促进军事信息通信人才培养方法路径创新。一是强调人才培养理念注重"合"，着眼形成整体合力，坚持军种联合、指技复合、军民融合和训用结合，协调好部队与院校、不同院校以及军地之间等多个方面的关系，努力构建统一、集约、高效的培养体系。二是强调了人才培养路径注重"分"。合理区分层次、区分对象、区分阶段，有针对性地细化培养目标、内容和方法，科学确定培训重点，确保培养质量效果。

三是强调人才培养方法注重"新"。树立"学员中心""产出导向"的教学方法改革理念，创新运用有利于学员实践能力和创新精神培养的问题导向式、项目合作式、现场体验式等多样化教学方法，增强教学的实践性和应用性。四是强调人才培养条件注重"实"。加强符合信息时代特征的实战化教学训练手段条件建设，突出实用、实装、实通等要求，为军事信息通信人才培养奠定坚实基础，提供有力支撑。

（六）健全新工科视域下军事信息通信人才培养制度机制

从借鉴国家新工科建设的经验入手，着眼破解当前军事信息通信人才培养的瓶颈问题和突出矛盾，提出军事信息通信人才培养的制度机制改革措施。一是提出要建立全过程全方位育人机制。贯彻落实新时代军事教育方针提出的立德树人的要求，着眼弘扬通信兵红色基因和培育通信兵职业意识，聚焦"坚定忠诚于党的理想信念、提高恪尽职守的职业素养、培育坚不可摧的战斗精神、练就精益求精的业务技能"为目标，按照全程贯穿、全时渗透的思路，加强和改进思想政治教育工作，切实培养德才兼备、以德为先的高素质新型军事人才。二是提出要健全院校部队一体化协作机制。从军地院校联合育人、院校部队结合共育等方面，坚持围绕人才岗位需求和战斗力生成内在规律开展联教联训，推进人才培养质量和效益。三是提出要创新院校教学管理制度规范。把握立德树人、为战育人的鲜明特质，推进信息通信院校教学管理制度创新，为军事信息通信人才培养质量提升提供制度保证。

（七）完善军事信息通信人才培养质量保证体系

以新时代军事教育方针为指导，适应军事信息通信岗位任职需要，着眼培养德才兼备的高素质、专业化新型军事人才，借鉴新工科人才培养质量保证体系构建方法模式，积极探索完善军事信息通信人才培养质量保证体系。一是要基于新工科通用标准制定特色人才培养质量标准。以《中国工程教育任职通用标准》为基础，以军队院校教学评价相关标准要求为底线，统筹考虑岗位的胜任力和创新力，突出学科专业知识、军人职业属性、通信岗位技能构建人才培养质量标准。二是要借鉴 PDCA 循环（质量管理分为四个阶段，即 Plan（计划），Do（执行），Check（检查），Act（处理））理论，加强人才培养质量监控，推动军事信息通信人才培养质量的持续改进，不断优化完善军事信息通信人才的教学体系，提升人才培养质量效益。三是要推进人才培养方案和课程内容迭代更新。站在人才培养质量的全局出发，按照人才培养方案 PDCA 大闭环和每门课程 PDCA 小闭环两个层面的持续改进，协调一致地推动人才培养质量的提升。

第二章 军事信息通信人才培养模式 改革研究逻辑起点

高素质专业化军事信息通信人才是建设信息化智能化军队和打赢信息化智能化战争的重要力量。近年来，世界各军事强国都高度重视军事信息通信人才培养，并结合新军事变革不断推进人才培养模式改革实践。当前，在国家高等教育普及化的大背景下，军事高等教育改革发展已经站在了一个新的历史起点，按照新工科建设思维理念创新军事高等教育、推进军事信息通信人才培养模式改革成为当前军事教育改革的一项紧迫任务。

一、新工科视域下军事信息通信人才培养模式改革基本概念

克劳塞维茨指出，理论研究必须从概念的廓清开始。概念是认识问题的起点，对事物的认识、分析、判断和研究首先从概念开始。开展新工科视域下军事信息通信人才培养模式改革问题研究，首先要对新工科、军事信息通信人才和培养模式改革等基础概念进行辨析，为开展研究提供逻辑起点。

（一）新工科

新工科，顾名思义，就是新的工科，是相对于传统工科而言

的新概念。工科，与理科、农科、医科等一样，是对一类学科专业的统称。工科也称为工学或工程学，一般是指研究应用技术和工艺的学问。从产生过程来看，工科是应用数学、物理学、化学等基础科学原理，结合生产实践所积累的技术经验而发展起来的学科，在我国科学研究和人才培养的学科体系中占据重要地位。我国《普通高等学校本科专业目录（2022版）》中，将本科专业划分为哲学、经济学、法学、教育学、文学、历史学等12个学科门类、92个专业大类、771个具体专业。其中，工学又划分为力学、机械、仪器、材料等类别31个大类、260个具体专业，约占全部本科专业的34%。国务院学位委员会、教育部2022年修订的《研究生教育学科专业目录》中，除了本科专业目录的12个学科门类外，还有军事学和交叉学科2个门类，共计14个学科门类，下设117个一级学科，其中工学的一级学科最多，高达39个，达到了全部一级学科的⅓。统计数据显示，我国1000多所高校开设了工科本科专业，占本科高校的90%；高等工程教育在校生数百万人，成为层次分明、类型多样、专业齐全、区域匹配和世界上最大的工程教育供给体系。与物理、化学等理科专业相比，工科更加注重应用和实验，培养生产实践所具有的应用技术和技能，培养的目标是在相应工程领域从事规划、勘探、设计、施工、原材料的选择研究与管理等方面工作的高级工程技术人才，侧重的是提高学员动手能力和独立思维能力。

近年来，随着大数据、人工智能等新技术出现，以及社会治理、组织模式、产业以及商业体系框架的变革，对传统工程问题的解决提出了挑战，工科不得不被重新审视。2017年，我国高等教育领域提出了新工科的概念，可以理解为新时代为了适应新技术、新产业、新业态和新模式为特征的新经济的挑战，着眼服从国家一系列重大战略、满足产业转型升级和新旧动能转换需求、面向经济社会未来发展的目标要求，对传统工科优化再造和内容升级的产物。专家研究认为，新工科的"新"主要体现在 3 个方面：一是新型工科，即对传统的、现有的工科专业转型、改造，赋予新的内涵、提高培养目标和标准、改革培养模式而形成的新工科专业；二是新生工科，即由不同的学科专业交叉融合而产生的新工科专业，包括工科与工科交叉融合、工科与理科、管理、经济、人文等其他学科交叉融合；三是新兴工科，即新能源、新材料、生物科学等新技术发展和新产业发展孕育出来的新工科专业（图 2-1）。

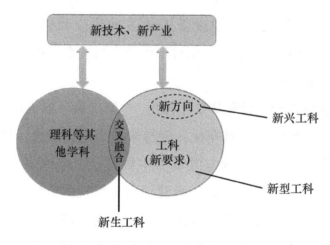

图 2-1　新工科内涵示意图

新工科的产生主要源于新一轮科技革命、工业革命、产业变革蓬勃兴起，新经济形态逐渐形成，对各行各业的专业人才能力素质提出了新的更高要求。为了适应形势任务的发展变化，落实《国家中长期教育改革和发展规划纲要（2010—2020 年）》精神，培养一大批创新能力强、适应经济社会发展需要的高质量工程技术人才，支撑国家创新驱动发展战略和高等教育强国建设目标，进一步提高工程人才培养质量，2010 年 6 月，教育部启动了"卓越工程师教育培养计划"，先后遴选批准了 3 批 212 所高校、1257 个本科专业和 514 个研究生专业实施该计划。与普通本科人才相比，"卓越工程师教育培养计划"培养过程更加突出实践性和创新性，产教融合、校企合作程度更深。

2017 年，国家教育部在"卓越工程师教育培养计划"的基础上，进一步提出新工科建设计划，先后凝聚形成"复旦共识""天大行动"和"北京指南"等指导性文件，指导高校开设数据科学与大数据技术、机器人工程、物联网工程智能制造工程等一系列新工科专业。随后，教育部高等教育司理工科教育处处长吴爱华等在《加快发展和建设新工科主动适应和引领新经济》[①]中，明确"新工科"是一个相对于传统工科而言，以新经济、新产业为背景的动态概念。

天津大学前校长钟登华院士指出，"新工科"的内涵是："以立德树人为引领，以应对变化、塑造未来为建设理念，以继承与创新、交叉与融合、协调与共享为主要途径，培养未来多元化、创新型卓越工程人才。"[②] 新工科建设具有反映时代特征、内涵新且丰富、多学科交融、多主体参与、涉及面广等特点。具体而言，新工科的内涵体现了 5 个"新"，即工程教育"新"理念、学科专业"新"结构、人才培养"新"模式、教育教学"新"质量和分类发展"新"体系。新工科又可以表述为"工科+"，即"工科+新理念""工科+新专业""工科+新结构""工科+新模式""工

---

① 吴爱华，侯永峰，杨秋波，等．加快发展和建设新工科，主动适应和引领新经济 [J]．高等工程教育研究，2017（1）：1-9.
② 林健．面向未来的中国新工科建设 [J]．清华大学教育研究，2017（2）：26-35.

科+新体系""工科+新技术""工科+新质量"等工科新形态。

清华大学林健教授认为，新工科具有引领性、交融性、创新性、跨界性和发展性等鲜明特征。引领性是新工科的前沿特征，表现在高等教育系统内外两方面。在高等教育内部，新工科的建设和发展将为其他学科和专业的建设以及其他专业人才培养各个环节的改革和发展中起到引领和示范作用；在高等教育外部，新工科的超前布局和建设将孕育出新技术，进而通过新技术的产业化支撑引领新产业的形成。由此可见，新工科的建设具有超越自身的重要意义。交融性是新工科的学科特征，表现在新工科往往是由多个学科的交叉、融合、渗透或拓展而形成的，以落实新经济强调的绿色、智能、泛在等理念。这一特征使得新工科较传统的"旧"工科而言，内涵更复杂、建设难度更大、需要投入的资源更多。因此，政府和高校对新工科的建设需要予以更多的政策支持和资源投入。创新性是新工科的属性特征，是新工科的价值所在，是国家经济社会发展对新工科本质属性提出的要求。新工科的建设是服务于新技术、新产业、新业态和新模式为特点的新经济发展，寻求我国在核心关键技术上的突破，在未来全球创新生态系统中占据战略制高点，因此，在技术、产业和模式上的创新以及创新人才培养模式是新工科的主要任务。跨界性是新工科的产业特征，是新工科围绕产业链整合需要而在自身构成中必须具有的跨越原有产业和行业界限的特征。这一特征反映了产业当前和未来发展对新工科的要求，将影响新工科建设的内涵、构成及其专业建设重点。发展性是新工科的动态特征，表现为新工科在建设过程中需要不断完善和在发展过程中需要不断调整，这些是由新工科的性质所决定的。新工科在建设初期，存在着对其内涵、性质和边界不确定或不清晰的情况，需要日后继续完善；新

19

工科在发展中需要根据产业发展变化与趋势对学科内涵、要素等进行及时和超前的调整。

（二）军事信息通信人才

人才，是具有一定专业知识或专门技能，进行创造性劳动并对社会做出贡献的人。军事信息通信人才，就是特指军事信息通信领域的专门人才，主要在军队各级信息通信机关和信息通信部队从事通信网络保障、指挥控制系统支撑、网络安全防护、综合信息服务和电磁频谱管理任务的专业人员。本书重点围绕军队院校军事信息通信人才培养模式改革研究展开，所以将其界定为军队院校依据国家和军队学科专业目录招收培养的军事信息通信类专业学员。这些培养对象，通过相关的教育教学活动最终将成长为信息通信领域综合素质较强的专业化人才。

军事信息通信类专业是对应军队各级信息通信部门、信息通信部（分）队相应岗位群划分设置，且对应到院校本科、研究生和晋升教育等不同教育类型，呈现出不同的专业名称。此外，不同的历史时期，根据军队编制体制和军队建设作战任务需求的不同，军队院校专业设置也不尽相同。目前，依据军委机关 2017 年颁发的《军队院校专业目录（试行）》和国家《学位授予和人才培养学科目录》，我军信息通信人才培养的专业主要包括生长军官本科学历教育、生长军官首次任职教育、现职军官基本培训、生长军士职业技术教育和研究生教育等，具体如表 2-1 所示。

表 2-1　军队院校军事信息通信类组成一览表

类型	专业大类（一级学科）	具体专业（研究方向）
生长军官本科学历教育	电子信息类	通信工程
	电子信息类	电子信息工程

续表

类型	专业大类（一级学科）	具体专业（研究方向）
生长军官本科学历教育	电子信息类	电子科学与技术
	电子信息类	信息工程
	计算机类	计算机科学与技术
	计算机类	软件工程
	计算机类	网络工程
	计算机类	信息安全
	计算机类	物联网工程
	测绘类	测绘工程
	作战类	大数据工程
	装备类	指挥信息系统工程
生长军官首次任职培训	信息通信类	通用通信技术与指挥
	信息通信类	通信工程建设与维护
	信息通信类	战场机动通信技术与指挥
	信息通信类	岸海通信技术与指挥
	信息通信类	对空通信技术与指挥
	信息通信类	航天通信技术与指挥
	火箭类	导弹通信技术与指挥
	水面舰艇类	舰艇通信指挥
现职军官基本培训	初级培训（兵种指挥）	作战保障初级指挥（通信保障）
	中级培训（合同指挥）	作战保障中级指挥（作战支援）
生长军士职业技术教育	信息通信类	固定通信技术
		机动通信技术

类型	专业大类（一级学科）	具体专业（研究方向）
生长军士职业 技术教育	信息通信类	信息网络技术
		通信终端技术
		通信工程维护
		对海信号通信技术
		对潜通信技术
		对空通信技术
研究生教育	军队指挥学	信息通信
	作战指挥保障（专业学位）	信息通信保障
	信息与通信工程	通信工程
	电子信息（专业学位）	电子与通信工程

（三）人才培养模式

所谓模式，本意就是一种用实物做"模"的方法，拓展之后具有了模范和模仿的意义。《大辞海》将模式解释为："某种事物的标准形式或使人可以照着做的标准样式。"在实际应用过程中，根据不同场合也有着不同界定和使用方法，大致可以分为三大类。第一类是静态样式说。认为模式是一定事物通过程式化的处置而成为同类事物的典范，强调对某类事物本质特征的描述。第二类是动态过程说。强调模式是定型化的活动形式和操作样式，重在对某类事物的过程描述。认为模式是依据事物发展的客观规律和未来走向而确立的有规可循、有例可依的运作方式，是实践中不断探索、逐步积累、相对定型的典型经验的集中概括与反映，为处理其他同类事物提供了可资借鉴与应用的一般操作样式，以此为其他事物的发展提供全面和系统的参考。第三类是理论—实践桥梁说。美国学者比尔和哈德格雷夫认为，"模式是再现现实的一种理论性的、简化的形式"，更加强调模式的理论性，指出"模式可以被建立和被检验，并且如果需要，还可以根据探究进行重建"。

人才培养是由院校针对培训对象为实现一定的培养目标而实施的一系列教学活动的总和。要实现人才培养目标，既需要一定的教学条件，如教材、教员、教学环境、教具这些"硬"条件，还需要培养体系、培养体制、教学管理、教学制度等这些"软"条件。在同一外部环境、相似教学条件下，同一类院校培养出的学员的能力却大相径庭，其根本原因在于院校的人才培养模式的不同。

1994 年，国家教委启动并实施的《高等教育面向 21 世纪教学内容和课程体系改革计划》中首次出现"人才培养模式"的提法，文件中明确规定，"未来社会的人才素质和培养模式"是"高等教育面向 21 世纪教学内容和课程体系改革计划"所设研究项目的主要内容之一。1996 年，第八届全国人民代表大会第四次会议批准的《中华人民共和国国民经济和社会发展"九五"计划和 2010 年远景目标纲要》中也指出，改革人才培养模式，由"应试教育"向全面素质教育转变，由此，这一概念逐渐被教育理论研究与实践者接受和应用。虽然对人才培养模式的研究已经有 20 多年的时间了，但学术界对人才培养模式的定义并没有形成统一认识，具有代表性的解释包括以下几种。一是桥梁媒介说。例如，有学者将人才培养模式定义为："是教育理论的具体化，教育经验的抽象化，是教育观念和育人程序的统一，培养目标和操作要点的统一，是联系教育思想和教育实践的桥梁，具有中介性、整体性、操作性、简约性、稳定性、示范性等特点。"

二是教学活动说。有的著作提出将人才培养模式解释为："服从于特定的教育目标的教育活动，具有一种特定的规格和规范，它由特定的培养目标想定、培养方针、培养规格以及特定的培养内容、培养方式、培养机制和培养体制构成。"三是结构状态和运行机制说。有学者将人才培养模式界定为："在一定的教育理念（思想）的指导下，为实现一定的培养目标而形成的较为稳定的结构状态和运行机制，包括教育理念、培养目标、培养过程、培养制度、培养评价。"四是规范样式说。有的学者把人才培养模式理解为："一定教育机构或教育工作者群体普遍认同和遵从的关于人才培养活动的实践规范和操作样式"。五是要素集成说。有的人认为，人才培养模式是指在一定教育思想和教育理论指导下，由人才培养目标、教育制度、培养方案、过程诸要素构成的相对稳定的教育教学过程与运行机制的总和。在这些定义中，有的将培养模式等同于教学模式，有的则将培养模式概念进行泛化，认为院校一切教学管理活动都属于人才培养模式的范畴。这些认识没有准确把握人才培养模式的本质特征。

由此，我们研究认为，人才培养模式是院校为实现培养目标，在一定教育思想、教育理论指导下，在人才培养活动过程中所采用的标准化结构样式和运行方式。这种解释是综合了"静态样式说"和"动态过程说"两种含义，更能体现人才培养模式的功能价值。首先，该定义强调人才培养模式具有一定的指向性，即"培养目标"；其次，强调院校管理人员和教学人员在人才培养过程中应遵循共同的价值观、教育理论和教学理念，尊重教育传统；其次，人才培养模式具有可识别的结构样式，拥有自身的特色；再次，该定义将培养模式限定在培养过程这一外延之下，属于办学模式之下、教学模式之上的范畴；最后，也是最为关键的是该定义明确了采用何种运行机制，从而使构成要素之间形成有机整体，共同为人才培养服务，培养单位和培养对象之间形成良好的契约关系，确保受培养对象自觉地接受教学安排。

人才培养模式不是各个要素的简单组合，而是要从动态流程和总体结构上的多个视角去理解。在实际工作中，人才培养模式的要素构成又可以分为3个层面：一是从国家的基本人才培养特点层面理解，可分为德国模式、美国模式等；二是从院校人才培养的组成环节层面理解，包括教育思想、培养目标、专业设置、课程设置、教学管理制度等方面；三是从院校人才培养的途径层面理解，如产学研结合模式、主辅修制模式、双学位制模式以及各种"4+1""3+2"等培养模式。当前，随着人们对教育理解认识的持续深化和教育外在环境条件的升级，人才培养目标已从过去的知识积累转向更加注重能力培养，这就需要通过改革创新人才培养模式来实现新的人才培养目标。

（四）新工科建设对军事信息通信人才培养的新要求

进入新时代，国家和军队信息化建设向纵深推进，高等教育发展和军队建设环境发生了重大变化，建设世界一流军队、打赢信息化智能化战争、提升基于网络信息体系的联合作战能力，对培养一流军事信息通信人才提出了更高要求，习近平主席对加强高素质专业化新型军事人才培养作出了一系列重要指示，军队院校军事信息通信人才培养面临全新的形势任务。各院校必须聚焦"建一流专业、育一流人才"的目标，围绕满足全军信息通信部队初级指挥管理军官和专业技术军官的首次岗位任职需求与后续任职岗位发展需要，坚持创新型工程教育、综合化工程教育、全周期工程教育理念和"学员中心、产出导向、持续改进"工程教育专业认证理念，推进军事信息通信人才培养创新发展。

一是适应信息通信类工科专业向新工科转型升级发展的需要。近年来，随着 5G 移动通信网、无线传感器网等新型网络日益普及，边缘计算、云计算、人工智能等新型信息技术蓬勃发展及在军事领域的应用，对信息通信类工科专业人才在知识、技能、素质等方面的需求日益要求更高，亟待对传统通信工程、电子信息工程等工科专业进行转型、改造和升级，聚焦信息通信技术的发展和信息通信网系的完善，进一步夯实学科基础课程和专业课程，拓展学科前沿知识，按照"宽口径+厚基础+新技术+强应用"的思路，在夯实信息通信类工科专业特色的基础上，提升学员国际化视野、创新能力以及解决其相关领域复杂工程问题能力，以适应工程专业认证的需要。

二是实现首次任职教育与本科学历教育深度融合的需要。军改后，生长军官采取本科学历教育和首次岗位任职培训融合式培养模式，需要打破传统"合训分流"模式的思维定势，按照指技融合、理技结合、基础课程和专业课程统合的要求，统筹设计学科基础课程、专业课程和首次任职课程，打通各学年之间的界限，使不同课程模块之间的衔接融合更加科学合理，将军事基础、军官基本技能、基层管理教育等教学训练贯穿全程，全面提升学员军政素养、科学知识、专业技能、组训管理和领导指挥等方面的能力素质，在打牢学校通信专业基础的同时，为成长为掌握科技的军事家和通晓战争的科学家奠定基础。

三是统筹指挥管理类和专业技术类军官一体培养的需要。军事信息通信人才指技融合特色鲜明，电子信息类工科专业人才培养必须以信息通信部（分）队指挥管理军官和专业技术军官首次任职岗位需求为导向，面向战场、面向部队和面向未来需求，对照"强军新工科"要求，优化完善课程体系和实践教学体系，强化"姓军为战""备战保通"的专业特色，统筹设计指挥管理军官、专业技术军官的发展路径，提升学员适应岗位任职的基本能力，保证毕业后即能上岗，同时具有长远发展潜力和参加后续教育培训的基本素质。

二、我军信息通信人才培养模式改革发展历程

建国以来，我军准确把握国防和军队建设对军事信息通信人才培养的需要，遵循军事高等教育和军事信息通信人才培养的内在规律，结合国防和军队改革实践，不断调整完善人才培养模式。我军信息通信生长军官人才培养模式先后经历了同校合训模式、合训分流模式和融合式培养模式3个发展阶段。

（一）同校合训模式

建国之初到1980年，我军仿照苏联分设专业技术院校和指挥院校开展人才培养，其中初级指挥军官没有开展学历教育，主要着眼于满足岗位任职需要，突出学员基层岗位任职技能、任职能力的培养。1980年10月，第十一次全军院校会议第一次做出了必须经过院校培训才能提拔为干部的规定，生长军官培养由注重岗位任职逐步转到兼顾发展潜力和第一任职需要两个方面，依托初级指挥院校的分队指挥专业和工程技术院校的理工科专业，实施指挥与技术合训，开展生长军官培养，整个培养过程在一个院校完成，即同校合训模式。1983年，第十二次全军院校会议首次提出指挥干部按照本科层次培养要求，张家口通信学院、广州通信学院、重庆通信学院、西安通信学院、通信指挥学院等初（中）级通信院校陆续创办军事学本科教育，分别开设了通信分队指挥、有线通信分队指挥、无线通信分队指挥、无线接力通信

分队指挥、野战综合通信系统分队指挥等专业，信息通信类军事学本科专业人才培养从无到有、从小到大，规模逐渐发展壮大。

（二）合训分流模式

1999 年 6 月，第十四次全军院校会议正式提出实行初级生长军官"合训分流"组训方式改革，开始探索实施生长军官"合训分流"培训模式（4+1 模式），即在学历教育院校用 4 年时间完成普通本科学历教育和军政基础训练，再分流到相应初级任职教育院校针对担任的职务进行 1 年左右的任职专业训练，建立了学历教育与任职教育相对分离、分段实施的格局。2003 年，第十五次全军院校工作会议后，初级指挥生长干部逐步推广施行"合训分流"（4+1）模式①，各初（中）级院校逐渐向任职教育转型，不再独立承担信息通信类学员本科学历教育。信息通信类生长军官本科学员须先在国防科技大学、理工大学和军种工程大学等学历教育院校完成通信工程、信息工程、计算机科学与技术等普通高等教育专业 4 年学习，再到初（中）级任职教育院校完成1 年综合通信指挥、指挥自动化等首次任职专业学习，逐渐形成了"4 年普通高等教育专业本科学历教育+1 年首次任职专业培训"的分段叠加的信息通信类专业教育。

（三）融合式培养模式

进入新时代，为适应国家高等教育由精英教育向大众教育转型发展的新形势，根据深化国防和军队改革的总体部署安排，军队院校自 2017 年开始实施生长军官本科学历教育与首次任职培

---

① 合训分流模式，是指生长军官学员在学历教育院校用 4 年时间完成普通本科学历教育和军政基础训练，再分流到相应初级任职教育院校针对担任的职务进行 1 年左右的任职专业训练，实施学历教育与任职教育相对分离、分段实施的教育模式。

训融合式培养模式改革，即用 4 年时间完成普通本科学历教育、军政基础训练和首次任职岗位培训，为此按照"普通高等教育专业+首次任职专业"二元叠加方式构建了生长军官教育专业体系，统合指挥类、非指挥类专业，统一设置了通用通信技术与指挥、航空机务技术与指挥等指技融合类首次任职专业，全军统一编写院校教学大纲。按照 2017 年颁发的《军队院校专业目录（试行）》确立的专业体系，信息通信类本科人才培养的专业主要包括军事学门类下装备类的指挥信息系统工程专业（可授军事学或者工学学位）和工科门类下的通信工程、电子信息工程、电子科学与技术、信息工程、计算机科学与技术、软件工程、网络工程、信息安全、物联网工程等专业，对应首次任职专业主要包括通用通信技术与指挥、通信工程建设与维护、战场机动通信技术与指挥、岸海通信技术与指挥、对空通信技术与指挥、航天通信技术与指挥、导弹通信技术与指挥、舰艇通信指挥等。根据岗位类型，按照"1 个普通高等教育专业+1 个首次任职专业"对应设立招生专业（图 2-2），如通用通信技术与指挥（通信工程）、指挥信息系统运用与保障（指挥信息系统工程）、电磁频谱管理技术与管理（电子科学与技术）等专业，毕业后通常授予工学学位。

三、军事信息通信人才培养模式改革时代背景

当前，在国家高等教育普及化的大背景下，军事高等教育改革发展已经站在了一个新的历史起点。军队院校贯彻新时代军事教育方针，培养高素质专业化新型军事人才必须积极适应国家高等教育高质量内涵式发展、推进新工科建设的外在环境。特别是军事信息通信人才培养领域，与新工科建设更加密切相关，必须迎接新工科建设发展带来的影响，积极推进军事通信才培养模式

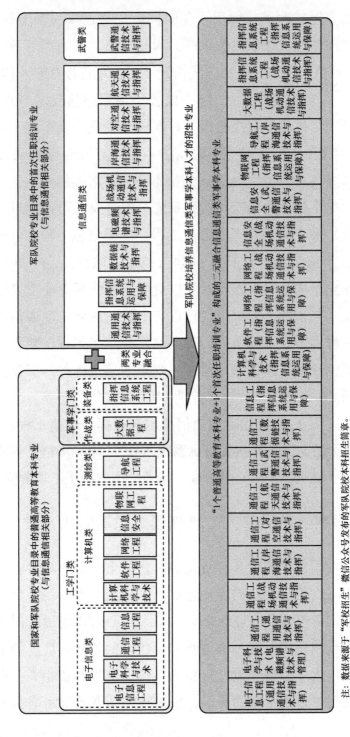

图2-2 军队院校信息通信类军事学本科专业体系构成示意图

注：数据来源于"军校招生"微信公众号发布的军队院校本科招生简章。

改革，构建新型军事信息通信人才培养体系。

（一）高等教育高质量内涵式发展

根据教育部网站公布的数据，截至 2023 年下半年，全国各类高等教育在学总规模 4763.19 万人，高等教育毛入学率达到 60.2%，已经超过高等教育大众化阶段的上限（毛入学率 50%），标志着我国高等教育达到了一个新的水平，已经进入了高等教育普及化的阶段。进入新的发展阶段，势必要求各高等教育院校以新的发展理念为指导，坚持走以质量为核心的内涵式发展道路，既要注重提升办学规模，更要注重提升人才培养质量。2019 年，中共中央和国务院联合印发的《中国教育现代化 2035》明确提出了坚持"更加注重以德为先、更加注重全面发展、更加注重面向人人、更加注重终身学习、更加注重因材施教、更加注重知行合一、更加注重融合发展、更加注重共建共享"的教育新理念，要求分类建设一批世界一流高等学校，建立完善的高等学校发展政策体系，引导高等学校科学定位、特色发展。2021 年 12 月 17 日，习近平在主持召开中央全面深化改革委员会第二十三次会议时进一步强调指出，要突出培养一流人才、服务国家战略需求。由此可以看出，今后一个时期，高等教育对人才培养质量的要求将更高，且质量标准呈现多样化发展趋势，对军事信息通信人才培养提出了新要求。

（二）学科交叉融合和学科专业升级

进入 21 世纪以来，以智能化为发展方向的第四次工业革命，给科学技术发展和世界高等教育带来了根本性甚至是颠覆性的影响。知识更新快速迭代，正深刻改变着各个学科的内涵外延，学科之间广泛交叉、深度融合已经成为现代科学和工程技术发展的必然趋势。2018年，国家教育部、科技部等13个部门联合启动"六卓越一拔尖"计划2.0，明确提出全面推进新工科、新医科、新农科、新文科建设，大力优化学科专业结构，推动形成一流学科集群的目标要求。例如，在新工科方面，计划增设大数据、人工智能、机器人、物联网等新兴领域急需专业点；新医科方面，提出从治疗为主到兼具预防治疗、康养的生命健康全周期医学的新理念，开设精准医学、转化医学、智能医学等新专业；在新农科建设方面，计划以现代科学技术改造提升现有的涉农专业，并且布局适应新产业、新业态发展需要的新型的涉农专业；新文科建设方面，计划推进哲学社会科学与新一轮科技革命和产业变革交叉融合，把新技术融入哲学、文学、语言等学科，形成有中国特色的哲学社会科学的学派。为适应新一轮科技革命、经济形态发展、产业转型升级、学科交叉融合等要求，近年来，我国高等教育领域先后形成"复旦共识""天大行动""北京指南"新工科建设理念以及"产出导向、学生中心和持续改进"的教育理念，国家教育部先后出台《关于开展新工科研究与实践的通知》《关于推进新工科研究与实践项目的通知》等政策文件，批准了2批共计1400余个国家级新工科研究与实践项目，增设新兴领域急需专业点数百个，"新工科运动"正在如火如荼地进行着，有效推动了高等教育创新发展。北京大学原副校长王义遒教授将新工科建设评价为"当下中国高等教育一道最为亮丽的风景线"。新工科建设发展也为军队院校新型军事人才培养提供了思路，适应机械化、信息化、智能化（以下简称"三化"）融合发展，以新技术、新装备、新体系、新战法为特征为牵引，构建"面向战场、面向部队、面向未来"强军新工科人才培养体系势在必行。

（三）世界一流军队建设加速推进

习近平主席在党的二十大上强调指出："如期实现建军一百年奋斗目标，加快把人民军队建成世界一流军队，是全面建设社会主义现代化国家的战略要求。"[①] 目前，全军上下正在围绕建设世界一流军队战略目标奋发图强。强军兴军，关键靠人才，基础在教育。建设世界一流军队院校、培养世界一流的军事人才必然是建设世界一流军队的内在要求。为支撑世界一流军队建设，各院校必须坚持以战领建、战教耦合的思路，树立精准培养的理念，聚焦培养有灵魂、有本事、有血性、有品德的新一代革命军人，结合学员岗位任职需求，合理化设计人才培养路径，系统创新院校人才培养模式，努力提高人才培养质量。

（四）军队院校调整改革不断深化

作为国防和军队改革的重要组成部分，着眼健全军队院校教育、部队训练实践和军事职业教育三位一体人才培养体系，2017 年以来，中央军委对全军院校进行了一次整体性革命性重塑重构，形成了以联合作战院校为核心、兵种专业院校为基础、军民融合培养为补充的院校布局，搭建了支撑培养世界一流军事人才的新型院校体系框架。在这次调整过程中，全军通信院校也进行了相应调整，原总部直属的国防信息学院、西安通信学院合建为信息通信学院转隶国防科技大学，重庆通信学院转隶陆军工程大学改建为通信军士学校，原军兵种所属的通信院校也进行了相应调整，形成了新的信息通信院校体系（图 2-3）。此外，我军军兵

---

① 习近平：《高举中国特色社会主义伟大旗帜 为全面建设社会主义现代化国家而团结奋斗——在中国共产党第二十次全国代表大会上的报告》，55 页。

种院校中还有部分设置了信息通信领域的相关院系，也承担信息通信人才培养任务，如空军工程大学信息与导航学院。近几年来，全军各通信院校对照院校新格局和承担的培训任务，重新梳理凝练办学定位，明确了建设世界一流院校的发展目标，深入贯彻落实新时代军事教育方针和习近平主席关于军队院校建设发展的一系列指示精神，开启了推进通信院校教学改革、提高军事信息通信人才培养的新征程。

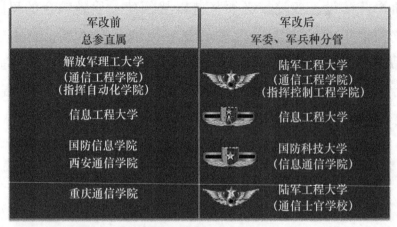

图 2-3　军队信息通信院校调整改革情况示意图

（五）三位一体新型人才培养体系初步构建

革命战争年代，我军人才培养主要采取"从战争中学习战争"的"单一"模式，通过创办随营学校、红军大学、抗日军政大学等训练机构，利用战斗间隙，学习党的建军思想，及时总结传授战斗经验，开展应急式训练，提高广大官兵的政治觉悟和基本作战技能。中华人民共和国成立后，军事人才培养开始走出应急式的战时体制，走上了正规化建设的新阶段，转为院校培养为主，逐步形成院校教育与部队训练的"二元"结构，探索构建了"三级制""两股绳"的院校培训体制①，体现了军事人才培养与打赢战争和军队建设相适应的基本规律。进入新时代，随着大数据、人工智能等新兴技术的发展和广泛应用，战争形态向智能化方向发展，对新型军事人才的知识结构、发展潜力和创新能力提出了更高要求，建设世界一流军队的发展目标对新型军事人才的国际眼光、创新思维、科技素养和文化品格提出了更高要求；终身教育和教育信息化的兴起，对人的发展包括军人职业发展和个体全面发展提出了更高要求。2013 年，习近平主席提出健全军队院校教育、部队训练实践、军事职业教育三位一体的新型军事人才培养体系的重要论述，为我军新型军事人才培养指明了方向。按照我军军官三位一体培养链路来看，信息通信人才要经过本科教育和首次任职教育基本教育、初（中）级晋升教育、若干次岗位培训以及研究生教育等院校教育，同时还要完成不同层级的军事训练科目，依托军事职业教育平台完成每个阶段预备教育基础课程学习（图 2-4）。为此，军事信息通信人才培养要遵循人才成长规律，科学统筹院校教育、部队实践和职业教育三者的职能任务和组训模式，将军队院校人才培养按照"综合化、一体化、网络化"的思路，进一步向部队训练延伸、向职业教育拓展。

---

① "两股绳"就是将军官培训分为完成教育和速成教育两类，"三级制"就是指完成教育按照初、中、高 3 个层次逐级完成。

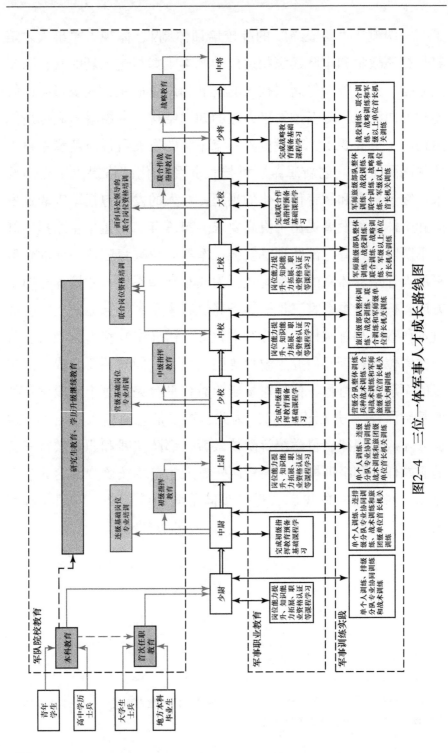

图2—4 三位一体军事人才成长路线图

第三章　新工科视域下军事信息通信人才培养模式改革指导

进入新时代，军事信息通信人才培养站在新的历史起点，要紧贴时代任务要求，深入分析当前军事信息通信人才培养模式存在的矛盾问题，找准改革发展方向，厘清指导原则与思路。

一、军事信息通信人才培养模式特点与矛盾分析

根据深化国防和军队改革的总体部署安排，军队院校自 2017 年开始实施生长军官本科学历教育与首次任职培训融合式培养模式改革，即用 4 年时间完成普通本科学历教育、军政基础训练和首次任职岗位培训，形成了新时代军事信息通信人才培养的新模式。

（一）我军信息通信人才培养模式特点

2017 年，军队院校调整改革后，生长军官培养由传统的"4+1"分段培养模式转变为本科学历教育与首次任职培训融合培养的"直通车"培养模式（简称融合式培养）。这种军事信息通信人才由原来的"4+1"合训分流模式（先在国防科技大学、理工大学等学历教育院校完成普通高等教育专业 4 年工科专业普通本科学历教育，再到初（中）级任职教育院校完成 1 年首次任职专业培训）转变为"学历教育与首次任职教育"在 4 年内一次完成。

这种新型融合式培养模式，打破学历教育与首次任职教育、指挥与技术人才培养的界限，将实现通识教育、专业基础教育及首次任职教育融合实施，通过将首次任职教育所需的军政基础、军事技能体能等基础性内容融入学历教育内容体系，实现了生长军官首次任职能力的全程培养，能够显著提升生长军官培养质量。其主要特点体现在 3 个方面。

1. 学历教育与任职培训有机融合

2017 年，新一轮军队院校调整改革后，依据军委相关文件中明确的人才培养要求，军事信息通信人才按首次任职培训专业规划训练任务、确立培养目标和分配去向，按本科教育专业打牢通识基础、厚实学科背景。一方面，要按照高等教育的模式、规律办学育人；另一方面，又有鲜明的军事职业指向，是本科学历教育和岗位任职培训两股绳的有机融合、全程贯通。这种融合式人才培养模式反映出明确的为战育人导向，带有明显的军事职业特征和鲜明的岗位能力指向，既不是纯粹的学历教育，也不是完全的任职教育。

2. 指挥教育与非指挥教育深度融合

实行指挥、管理与技术军官的合训和培养高素质复合型军事人才是我军军事高等教育改革发展的一个重要主题。全军各院校从 20 世纪 90 年代以来一直在探索"指技合训"模式，由于受到院校分类、专业设置等方面的限制，指挥类和非指挥类人才长期分类分院校培养，造成毕业学员存在知识结构单一、指挥干部不懂技术、技术干部不懂指挥管理等突出问题。2017 年改革后，军事信息通信人才融合式培养模式从专业设置到人才培养方案拟制再到毕业考核标准，全过程打通面向指挥管理岗位的指挥类学员和面向工程技术岗位的非指挥类学员的培养要求，将本科学员、新时代革命军人、通信分队指挥员、通信分队工程技术人员 4 个角色的能力素质要求纳入人才培养之中，采取步步深入、层层递进的培养步骤，确保毕业学员既胜任第一任职岗位，又具有长远发展必备的核心潜质。

3. 院校教育与部队训练紧密衔接

军事信息通信人才融合式培养模式是在军队院校教育、部队训练实践、军事职业教育"三位一体"新型军事人才培养体系下形成的全新模式，依托全军信息通信院校、信息通信部队和军事职业教育平台等各方面资源，从人才培养目标的设计与部队需求的"符合度"、教育教学实施上的"实现度"两个维度推进院校部队联教联训，使得军事信息通信人才培养过程更加符合军事人才能力生成客观规律。

（二）我军信息通信人才培养模式存在的问题

虽然近年来全军通信院校深入贯彻新时代军事教育方针，聚焦全军信息通信领域人才培养需求，立足"本科学历教育与首次任职培训融合培养"新模式，持续深入推进军事通信类本科专业和教学改革，有效地推动了信息通信领域指挥管理人才培养工作创新发展。但是当前的高等教育发展和军队建设环境发生了重大变化，建设世界一流军队和推进网络信息体系建设运用对培养一流军事信息通信人才提出了更高要求，军事通信类本科人才培养工作与实现新时代人才强军战略目标还有一定差距，主要体现在以下几个方面。

1. 专业设置还不尽合理

军事学作为一个独立学科门类，已经纳入国家学科专业目录，设置了军队指挥学等研究生教育学科专业，但尚未纳入国家高等教育本科专业目录，成为唯一一个没有本科专业支撑的学科门类。虽然《军队院校专业目录（试行）》确定了作战、后勤、装备3类包括作战指挥等35个专业军事学本科专业作为军队院校招生的依据，但没有设置信息通信指挥专业。目前采用"普通高等教育专业+首次任职专业"二元叠加方式开展通信指挥管理人才培养，还存在诸多矛盾问题。一是弱化了通信类军事学本科专业属性。依托通信工程等普通高等教育专业开展学历教育，按照工学人才培养模型设计培养过程，不能体现军队岗位的细化分类，弱化军事职业素养培养要求，培养的人才军事特色不够鲜明，到部队后容易产生"水土不服"的现象。二是专业体系尚未体现网信领域融合发展趋势。随着信息技术的飞速发展，各专业的知识体系快速更新，地方高等教育院校学科专业设置不断优化完善，而军事学专业设置更新较慢，当前专业名称还停留在通信、指挥信息系统等单一要素上，难以达成人才培养面向未来、前瞻设计、指技结合、交叉融合的目标。三是二元叠加专业命名方式难以理解。在高考招生时，采用"普通高等教育专业+首次任职专业"二元叠加方式命名的专业让考生和家长难以看懂，不知道具体学什么内容，影响招生生源质量。

2. 课程体系还不够科学

规范合理的课程体系有助于人才培养目标的达成。受本科学制4年的限制，融合式培养本科教育既要完成普通高等教育本科学历教育的相关课程学习，又要完成首次任职培训所需课程学习，统筹满足普通高等学校本科专业类教学质量国家标准、专业认证标准和军队院校教学大纲等不同规范要求，课程体系需要兼顾公共基础、工科基础、技术类专业、指挥类专业等不同课程模块。从调研情况来看，现有课程体系仍然存在一些结构性矛盾。一是专业基础课程和专业课程设置门数偏少。根据军委训练管理部统一确定的教学大纲，前 2 年完成政治理论、军事基础、自然科学、人文科学等系列公共基础课程，专业基础课程只能利用大三学年 1 年时间，且要安排本科学历教育专业和首次任职培训专业两类专业基础课程教学内容，因此只能压缩课程门数或学时数量，有的必修课程难以开设，部分核心课程学时难以有效保证。二是首次任职课程实践技能课程弱化。由于大四学年还要安排毕业设计、联合考核等内容，用于课程教学学时有限，装备操作技能、分队指挥基础、勤务与战术、分队训练与训练等战斗（装备）操作技能课程学时缩短，难以达到预期教学训练要求。三是前后课程衔接融合还不够密切。融合式培养模式下，本科学历教育专业与首次任职专业对应关系比较复杂，既有一对一的，又有多对一和多对多的，很难统一前置课程和后续课程的关系，势必会造成有些本科学历教育专业受核心专业课程限制，后续装备操作技能课程所需的前置课程可能没有预先修读，给后面首次任职课程教学带来一些困难。

3. 专业思政建设还不够有效

育人的根本在于立德铸魂。信息通信人员担负着党对军队实现绝对领导的通信保障任务，军事信息通信人才听党指挥、对党忠诚尤为重要，信息通信院校在培养过程中必须落实习近平主席关于立德树人、为战育人的重要论述精神，着眼培养德才兼备的高素质专业化新型通信人才，紧贴青年学员思想实际，瞄准把通信兵红色基因融入血脉、植入灵魂，大力开展专业思政建设，将通信兵优良传统思政元素有机融入人才培养全过程，实现全方位育人。从目前信息通信类本科人才培养实际来看，专业思政建设还存在短板弱项。一是专业思政元素挖掘运用还不够系统。我军通信兵在长期建设发展实践过程中，始终坚持"迅速、准确、保密、畅通"的执着追求，逐渐形成了爱岗敬业、业务过硬、遵规守纪、协作共进、热忱服务等特色兵种文化，对于培养思想坚定、素质过硬的信息通信人才具有非比寻常的承载意义。但目前信息通信类本科教育在通信兵红色基因思政元素挖掘、教育过程全过程融入上还不够充分，通信兵优良传统和岗位职业道德意识嵌入各类专业教学的效果还不够突出。二是专业全方位育人格局尚未形成。按照专业思政要求，思想政治教育需要全员动员、群体参与、联合育人是全体教职员工的共同责任。但实际上有的教员和管理保障人员对"专业思政"要求理解不够到位，没有参与到全方位育人之中。三是校园文化育人环境支撑不够到位。在校园文化环境建设方面，统筹设计不够，仍然存在环境设计通信兵特色不够鲜明、文化活动样式单一等现象，对学员的感染力尚需增强。

4. 创新能力培养不够突出

在新工科、新文科等专业建设过程中，普遍重视学生创新能力培养。军事通信类本科教育需要统筹学员胜任第一任职岗位和夯实长期发展进步两方面毕业要求，更要重视学员创新实践能力培养。但受各种因素影响和限制，目前，信息通信类专业学员的创新实践能力与一流人才标准还有一定差距。一是装备操作实践环节偏弱。虽然按照规范要求开设了若干门装备操作运用课程，但由于用于教学的装备数量不多，通常采取学员分组训练的方式实施，加之教学时间有限，每个学员能够操作运用时长难以得到保证，训练效果打了折扣。二是部队岗位见习实践偏虚。由于院校部队训练周期不一致、缺少训练资源统筹平台支撑和法规制度还不够完善等因素，学员赴部队岗位见习难以有效融入部队训练，参与战备值勤工作的少，"看家护院"的多，难以达成预期实习效果。三是军事特色学科竞赛活动偏少。适合信息通信类军事学专业的学科竞赛种类少，加之受院校管理和第二课堂活动支撑程度的限制，学员与学科竞赛的种类数量和获奖数量都明显低于地方重点高校同类专业的学生。

（三）新工科视域下军事信息通信人才培养的新要求

按照新工科教育的基本框架和范式，军事信息通信人才培养应当以提高人才培养质量为核心，积极贯彻落实新工科教育理念、新工科教育模式，拓展教育教学内容，提高教育质量效果，加快推进军事信息通信人才培养模式改革。

1. 树立新工科教育理念

新时代军事高等教育要贯彻落实创新、协调、绿色、开放、共享的新发展理念，创新运用新工科教育观。一是树立创新型工程教育理念。坚持以习近平军事教育思想和新时代军事教育方针为指导，注重结合军事高等教育对象特点，深入开展现代高等教育教学理论学习和研究，注重学员的工程创新和岗位实践应用能力培养。二是树立全面综合的新工科教育理念。改变传统专业过窄过细的弊端，加强学员跨学科、多学科知识和能力、人文和管理能力、运用所学知识解决复杂问题的综合能力培养，使学员既具备科学与基础理论修养，又具备人文情怀和指挥管理素养。三是树立全周期工程教育理念。按照工程项目的全生命周期，有机吸纳和融入工程教育的 OBE 理念（基于学习产出的教育理念）与 CDIO 模式（基于构建—设计—实现—运行的工程教育模式）、布鲁姆教育目标分类学等，把这些理念的一般原理与军事信息通信人才培养任务和定位相结合，创新形成"强军新工科"的教育理念，并在实践中检验发展。四是坚持并落实"学生中心、成果导向、持续改进"等工程教育专业认证理念。以能力塑造为核心，通过对专业培养需求和岗位需求分析，构建专业培养的岗位领域能力素质模型，确定专业综合培养目标体系，设计学员成长路径，设置教学环节和课程体系，形成人才培养规划；通过构建全流程学习成效和目标达成度的评价体系，实施持续改进，保障学习产出质量和培养目标产出质量。

2. 探索学科专业新结构

2023 年初，教育部等五部门印发《普通高等教育学科专业设置优化改革方案》，明确要求优化调整高校 20%的学科专业布点，启动了新一轮学科结构优化完善工作。要适应世界新军事变革发展趋势，深入贯彻新时代军事教育方针，对接国防和军队改革新体制新编制，针对新型军事人才培养与部队战备训练需求脱节，新域新质和前沿交叉学科专业人才短缺等问题，进一步优化军事信息通信领域学科专业结构。一是要做好增量优化，主动布局新兴专业建设。注重专业设置前瞻性，积极设置前沿和紧缺学科专业，加快建设和发展新兴专业，提前布局培养引领未来技术和装备发展的信息通信人才。二是要做好存量调整，加快传统学科专业的改造升级。紧贴军队建设机械化信息化智能化融合发展需求，坚持与部队岗位变化、武器装备更新和人才培养需求相适应，立足中国军事实践这片沃土，与时俱进，拓展学科专业内涵，形成新课程体系，打造传统学科专业的升级版。三是要推动学科专业交叉融合，加强复合型人才培养。顺应学科专业交叉融合发展的趋势，瞄准国家科技前沿、对接军事战略需求，大力推进军事学与工学、理学、管理学等学科交叉融合，积极转化应用大数据、云计算、人工智能、超材料、量子力学等引领性、颠覆性技术发展创新成果，加速培育智能化信息通信指挥、无人信息通信新兴专业，以科学研究前沿带动军事信息通信工程教育发展，培养高素质复合型人才。

3. 探索人才培养新模式

新工科建设的大背景下，地方高等教育院校正在推广"卓越工程师教育培养计划"，加速构建新型人才培养体系。一是重塑人才培养目标模型。着眼培养卓越人才、高层次人才，贯彻世界通用人才培养标准和紧贴行业发展趋势，探索构建军事信息通信人才法律、文化、伦理等重点领域应具备的能力体系。二是重构模块化课程体系。打破学科界限，梳理课程知识点，开展学习成果导向的课程体系重构，建立能力达成和课程体系之间的应关系，构建遵循工程逻辑和教育规律的课程群，积极建设、共享优质在线开放课程资源，推动教育教学方式改革。三是完善人才培养途径。遵循"产出导向、持续改进、学生中心"的基本原则，围绕人才培养目标内涵和能力素质需求，融入国际工程技术人才的教育理念，突出能力塑造的顶层设计，建立起"产出导向"的教育观、"持续改进"的质量观和"学员中心"的实践观，以产品"构思、设计、实现、运行"的全生命周期为载体，实施院校部队的协同育人，建立从理论学习、动手实践再到探究学习的教学链条，通过理论教学与实践教学的交叉螺旋进行，使学员获得有意义的综合实践体验，通过主动实践和"做中学"，形成未来信息通信指挥管理人才和工程师的综合品质与实践能力。

二、军事信息通信人才培养模式改革指导原则

进入强国兴军的新时代，在建设教育强国和建设世界一流军队双重目标牵引下，全军信息通信院校要主动识变、应变、求变，用新工科建设理念加强顶层设计，着眼破解目前存在的突出矛盾和问题，加快推进军事信息通信人才培养模式改革，努力提

升军事信息通信人才培养质量。

（一）突出立德树人

人无德不立，育人的根本在于立德铸魂。近年来，习近平主席站在国家富强、民族振兴、教育发展的战略高度，在全国高等学校党的建设工作会议、全国高校思想政治工作会议、党的十九大、全国教育大会、北京大学师生座谈会等多个重要会议和场合中，就教育改革发展贯彻落实立德树人根本任务做出重要指示。在 2019 年 11 月 27 日全军院校长集训开班式上，习近平主席又对军队院校教育和军事人才培养提出了坚持立德树人的明确要求，将其列为新时代军事教育方针的重要内容，进一步丰富发展了我们党的军事教育理论，深刻回答了军队院校教育改革发展中"培养什么人""怎样培养人"重大方向性问题。全军院校要深入学习领会新时代军事教育方针，就应当把立德树人作为根本指导理念，坚持德才兼备、以德为先的培养标准，将德育放在突出位置，贯穿人才培养全过程，确保培养勇于担当、忠于职守、乐于奉献的高素质新型军事人才。立足青年学员处于人生观、价值观、世界观形成的关键时期的实际，必须着眼传承通信兵红色基因，充分发挥通信院校"红色电波""红军通校"等思想政治教育资源优势，坚持"思政课程"与"课程思政"同向同行、协同用力，在 4 年本科教育阶段全程贯穿通信兵岗位职业道德意识教育，培养学员兵种职业道德和思想品质，筑牢服务国防通信事业的思想基础。

（二）聚焦学科前沿

军事信息通信人才必须是站在信息通信领域潮头，能够适应信息通信领域科技创新发展挑战的高素质专业化人才。当前，5G

移动通信网、无线传感器网、量子信息网络等新型网络日益普及，边缘计算、云计算、人工智能等新型信息技术蓬勃发展及在军事领域的应用，对军事信息通信人才在知识、技能、素质等方面的需求日益要求更高，需要秉承"大通信"专业发展理念，聚焦信息通信技术的发展和信息通信网系的完善，在进一步夯实学科基础课程和专业课程、拓展学科前沿知识、夯实军事信息通信专业特色的基础上，提升学员国际化视野、创新能力以及解决其相关领域复杂问题能力。

（三）紧贴岗位需求

培养战略素养高、联合素养强、指挥素养精、科技素养好的信息通信人才，必须着眼有效履行网络联建、系统联用、信息联保、安全联防、频谱联管的使命任务，完成体系化信息通信保障任务，以通信部（分）队指挥管理军官和专业技术军官首次任职岗位需求为导向，面向战场、面向部队和面向未来需求，对照"强军新工科"要求体系优化完善课程体系和实践教学体系，强化"姓军为战""备战保通"的专业特色，提升学员适应岗位任职的基本能力，保证毕业后即能上岗。

（四）促进指技融合

信息时代，随着武器装备信息化、智能化程度增高，知识与科技日益成为战斗力的主导因素。军事信息通信人才培养目标模型的指技融合特色更加鲜明，特别是生长军官培养，采取本科学历教育和首次岗位任职培训融合培养模式，必须打破传统合训分流模式的思维定势，按照指技融合、理技结合、基础课程和专业课程统合的要求，统筹设计学科基础课程、专业课程和首次任职课程，打通各学年之间的界限，使得不同课程模块之间的衔接融合更加科学合理，将军事基础、军官基本技能、基层管理教育等教学训练贯穿全程，全面提升学员军政素养、科学知识、专业技能、组训管理和领导指挥等方面的能力素质，在打牢通信专业基础的同时，为成长为科技型军事家储备发展潜力。

（五）强调实践应用

新工科建设强调以学员为中心，推进从注重技术应用的"技术范式"向注重实践、能力、综合素质的"工程范式"转变，教学方法模式更加突出职业性和实践性，强调实训实习、操作训练等实践性教学环节，这与首次任职教育突出学员岗位实践能力培养是一致的。军事信息通信人才培养也必须着眼培养学员的首次岗位任职能力和持续发展能力，推行借鉴地方高校项目化教学方法经验，告别传统"灌输式"教学方法模式，多样化设计实践教学项目，按照项目开发的范式实施"知行合一"的教学，推动传统教学从单向知识传授向"做中学""研中学"转变，培养学员的创新精神和实践能力。一方面，要加强政基础集中训练、领导管理能力训练等实训项目，以及电子电路设计、通信技术设计、信息处理设计和相关课程实验等实验教学项目；另一方面，要按照"循序渐进、逐步晋级，先易后难、由浅入深"的原则，在通信网系装备与运用课程、通信分队训练与管理、通信指挥基础等首次任职课程，强化课内实践项目，开设网系组网运用综合训练和综合演练集中实践项目，并依托联教联训基地开展部队岗位实践教学，提高首次岗位任职能力。

三、军事信息通信人才培养模式改革的总体思路

习近平主席在北京大学师生座谈会上强调指出："我们的用

人标准为什么是德才兼备、以德为先，因为德是首要、是方向，一个人只有明大德、守公德、严私德，其才方能用得其所。"军队院校也要按照以德为先、能力为重的标准要求开展教学和人才培养工作，处理好"立德""树人"的关系，将"立德"作为"树人"的前提，将"树人"作为"立德"的目标，特别是以当代革命军人核心价值观为主要内容，把立德树人作为教育教学的中心环节，实现全程育人、全方位育人，着力培养高素质新型军事人才。

（一）培根铸魂为首，坚定忠诚于党的理想信念

习近平主席指出，人生的扣子从一开始就要扣好。军队院校培养人才也要将培根铸魂放在人才培养的首位，教育引导学员树立正确的世界观、人生观、价值观，坚定忠诚于党的理想信念。党中央、中央军委的命令指示都要经过通信手段传达到部队，信息通信人员担负着党对军队实现绝对领导的信息通信保障任务。因此，军事信息通信人才听党指挥、对党忠诚尤为重要，院校在培养过程中必须培养学员坚定的理想信念，使其始终保持清醒的头脑，树立讲政治、顾大局的意识，做到绝对忠诚、绝对纯洁、绝对可靠，在任何时候和任何情况下，都要坚决维护党中央的权威，坚决听从党中央、中央军委的指挥，坚决完成好各项任务。

（二）强化责任担当为本，提高恪尽职守的职业素养

高度的责任感、强烈的使命感和勇于负责、敢于担当、善于开拓的品格是各个时期对优秀人才的基本素质要求。军队院校应当扎实开展爱国主义教育和军队职业道德教育，教育引导学员传承我军优良传统和红色基因，培育爱国爱军情操和爱岗敬业的职业操守，自觉聚焦担当强军重任成长进步。军事信息通信类专业

学员应重点培养热爱军事通信事业的意识，以强烈的爱国心和使命感，自觉把个人的发展与军事通信事业紧紧联系在一起，确立在本职工作岗位上为推进军队信息化建设和做好军事斗争信息通信准备做贡献的决心，自觉发扬爱岗敬业、牺牲奉献的精神，根据专业岗位的职业特点，做好克服工作环境艰苦等实际困难的思想准备和勇气，做到认真负责地履行岗位职责，高质量地完成各项工作任务，争创一流工作业绩。全军信息通信网络互联互通，整体性强，为了达到保持全网全程通信顺畅，实现"综合组网、综合运用、综合平台"和"体系对抗"的优势，必须培养团结协作、密切配合的行为意识，能够做到胸怀全局，主动关照友邻台站，主动配合其他通信要素。

（三）聚焦备战打仗为要，培育坚不可摧的战斗精神

由于信息化武器装备和网络战、宣传战、心理战等作战方式的广泛运用，信息化联合作战战场环境将更加复杂多变、残酷激烈，对军人战斗精神的负面影响增大。军队院校应当着眼未来打仗要求，在人才培养的全过程关注战斗精神的培养。军事信息通信人才要组织、协调与控制所属信息通信力量的作战行动，确保作战信息搜集、传输、处理分发、信息攻防等活动的顺利进行，并直接参与联合作战信息系统构建与运用，也要注重战斗精神的培育。在校学习期间，必须重点培育学员敢打必胜的坚定信心，培养高昂的战斗欲望和战斗热情，养成勇敢顽强的战斗意志和战斗作风，使得学员能够遵守战场纪律、经受复杂战场的各种考验，以连续作战、不怕牺牲的胆略、气魄和顽强作风，机智灵活地采取各种措施，想尽一切办法完成通信保障任务，在关键时刻即使有流血和牺牲的危险，也毫不犹豫地冲上去，给党和人民交出一份合格的答卷。

（四）提升专业能力为重，练就精益求精的业务技能

无论有多么先进的武器装备，没有过硬的业务能力去掌握和运用，装备就无法发挥其应有的效能。军队院校培养人才，必须夯实专业能力，通过专题训练提升业务技能，为部队输送能够胜任岗位任职需求的专业人才。军事信息通信类专业人才培养，涉及信息通信技术基础、系统工作原理和主战装备操作运用等不同层次的知识能力要求，院校应当立足有限的教学时间，采用理论教学、实践教学等多种教学方式，使学员练就过硬本领，使得学员到部队能够胜任第一任职的需要的同时，还能满足长远成长进步的需要。一是培养基础知识和业务技能。通晓信息通信技术知识，了解信息通信系统工作原理和释能机理，熟悉信息通信领域装备操作运用的一般规律和方法，掌握处置信息安全重大事件等突发情况的常识和要点，具备自主学习的能力，能够快速掌握新型通信装备的操作使用和维护保养，能够利用所学知识解决实际工作中遇到的困难问题，具有胜任信息通信领域岗位工作的专业技能。二是提高组织协调和指挥管理能力。让学员具备适应岗位、应对挫折的心理承受力，能够顺利融入单位集体，在与他人沟通、交往、合作中实现自身的社会价值，精通信息通信专业力量组织指挥和训练管理理论，熟悉信息化战场环境，能够准确理解上级意图，合理分析判断情况，做出正确决断，会组织指挥通信分队遂行日常战备值勤、应急情况处置和作战任务保障等任务，具备组织通信分队勤务与战斗行动指挥的基本能力。

第四章 新工科视域下军事信息通信人才培养目标要求

新工科建设更强调实用性、交叉性与综合性，新工科人才培养更加关注创新能力、融合能力、工程实践能力等方面的目标要求，这些均与军事人才培养"立足军事领域、服务强军目标、符合军事人才成长规律"的目标要求相一致。因此，军事信息通信人才培养模式改革中应当坚持新工科的理念，以"指技融合"为导向，以岗位需求为牵引，以"胜任力和创新力"为核心，融入新工科教育理念，重构岗位领域能力素质模型，优化培养目标和培养标准。本章重点以通用通信技术与指挥专业为例，分析军事信息通信人才培养目标要求。

一、军事信息通信岗位任职能力需求

军事信息通信人才的能力，是指从事信息通信分队建设、管理和指挥作战所具备的知识、才能和本领的统称。通过对军事信息通信人才的任职岗位进行分析，才能有针对性地构建相应能力素质模型。

（一）信息通信人才工作岗位类型

根据军队编制体制结构和遂行信息通信保障任务需要，军事信息通信人才的工作岗位通常包括下列四类。一是复合型指挥管理类岗位。主要包括两级联指机构的信息通信指挥员和各类信息通信旅（团）、信息通信营、信息通信连、信息通信排，以及相当于营、连、排级别的中心、所、室、台和站的军政主官和副职领导岗位。二是智囊型参谋类岗位。主要包括军委、战区和各军兵种等团级以上单位信息通信业务部门的军官岗位。三是技术型管理类岗位。军委、战区和军种（战区军种）机关直属的信息通信保障部队等单位担负信息通信网络资源维护管理和辅助机关资源调配任务的专业技术军官岗位。四是技能型操作岗位。各类信息通信部（分）队担负通信网络装备操作的军（士）官或文职人员岗位。从人才能力素质需求角度来看，上述四类岗位主要涉及偏重指挥管理的指挥管理类人才岗位和工程技术类人才岗位两大类。下面分析军事信息通信人才能力培养目标要求，重点按照指挥管理和工程技术两种类型展开。

（二）信息通信人才工作岗位职责

军事信息通信专业生长军官的任职岗位主要面向全军信息通信部（分）队的指挥和技术岗位。由于信息通信网系手段种类繁多、保障范围覆盖全军，信息通信部（分）队根据担负任务的不同，又分为固定信息通信部（分）队和机动信息通信部（分）队等类型，具体岗位类型包括指挥管理军官岗位和技术军官岗位。统筹考虑生长军官学员到部队初次任职、4~6 年的晋升可能和信息通信保障岗位综合化设岗的趋势，从指挥能力和科技素养融合培养的要求出发论述其岗位职责。

指挥管理工作岗位的信息通信专业军官负责通信兵作战、建设、值勤、训练、管理及保障，其岗位职责主要包括以下几方面：一是组织实施通信兵作战和军事行动的指挥；二是组织实施信息通信分队战备、值勤和训练；三是组织实施信息通信分队管理工作，同时还应做好所属人员的思想政治工作，抓好后勤保障工作，完成上级赋予的其他任务等。

对工程技术工作岗位的信息通信专业，军官担负复杂网络资源规划与管理、通信装备维修保养和重大活动技术保障等任务，协助指挥管理军官完成通信保障任务。

（三）信息通信人才业务知识需求

军事信息通信人才应掌握必备的科学文化、军事理论和网系组网运用基础知识。一是科学文化基础知识方面。要比较系统地掌握数学、物理、信息科学等相关自然学科的基础理论和基本知识，掌握通信原理、电路分析基础、信号与系统、计算机网络等专业基础理论与基本知识；了解科学技术发展趋势，掌握现代信息技术、通信网络、网络安全、电磁频谱等专业理论与基本知识；掌握文学、美学等相关人文科学基础理论和基本知识；掌握一门外国语、计算机和应用写作知识；了解文献检索方法。二是军事理论基本知识方面。要掌握军事基础知识和基本军事技能，了解军事思想、军事历史、军事地理、军队管理和信息化智能化战争的基本知识；了解新时代军事战略方针，熟悉联合作战目标原则、主要特点、作战样式、战法运用、战场环境和发展趋势，熟悉军事训练基本原理、实施方法，熟悉模拟训练、网络训练、基地训练和对抗训练程序，熟悉联合作战保障任务要求、体系构成和方式方法；熟悉基层连队一日生活制度，了解军兵种知识和外军知识，熟悉外军信息通信组织、信息通信装备、电子侦察、电子干扰、电子欺骗等方面的基本知识。三是信息通信装备（网系）知识方面。了解军事信息通信网络的组成和建设现状；熟悉典型信息通信装备（网系）的统配情况、结构原理、性能指标及操作使用、维护管理等的基础知识，掌握信息通信网系的典型运用方法。四是分队指挥管理知识方面。熟悉联合作战信息通信指挥的基本理论，掌握信息通信分队战斗行动不同作战阶段的主要任务和组织要求；熟悉信息通信分队战斗行动组织指挥原则和主要作战对手的战斗特点，掌握信息通信分队战术行动组织实施方法；了解和掌握信息通信战备值勤工作的基本内容与组织方法，以及信息通信安全防护和电子防御的方式、方法和原则。

（四）军事信息通信人才业务能力需求

军事信息通信人才特别是担任分队指挥员职务的军官，必须具备相应的组织指挥、训练管理等能力。一是信息通信分队指挥能力。能够准确地理解上级意图，合理地分析判断情况，做出正确决断；会组织指挥信息通信分队遂行日常战备值勤、应急情况处置和作战任务保障等任务，具备信息通信分队勤务组织与战斗行动指挥的基本能力。二是信息通信战备值勤能力。会开展战备意识教育，能够制定信息通信战备方案的制定，熟悉组织信息通信值勤的有关原则和标准，熟悉信息通信网络组织及其运行规则，能够结合本单位网系建设运用实际，开展信息通信值勤管理工作。三是分队训练组织能力。会组织单兵技能训练和分队战术训练，会组织开展信息通信分队"四会"教学活动，具备领导信息通信分队完成各项军政训练任务的能力，能够从计划准备、具体实施、训练保障、检查考核和训练总结等环节入手，促进信息通信训练工作的落实。四是信息通信网系（装备）操作运用能力。具备典型信息通信网系（装备）的综合运用、维护管理等基本技能，具有操作使用和维护保养本专业装（设）备的能力，具备自主学习的能力，能够快速掌握新型信息通信装备的操作使用和维护保养，能够利用所学知识解决实际工作中遇到的困难问题。五是军政管理能力。掌握基础训练的动作要领、军事体育运动的基本技能和军兵种特项运动技能；具有一定的组织军事体育训练和体育比赛的能力；具有一定的自我防护能力和战伤救护能力；具有较强的心理调适能力，经得起艰苦条件、复杂环境、人生挫折和流血牺牲的考验；掌握内务条令和纪律条令的有关内容；熟练掌握单个军人队列动作和班、排、连队列指挥要领；熟练掌握轻武器使用要领；掌握战术基础、防护、卫生、伪装、识图用图、信息通信、车辆驾驶等基本技能；组织管理能力方面，具有分队日常管理的基本能力；具有较好的运用信息技术实施信息安全保密的能力。

（五）军事信息通信人才综合素质需求

军事信息通信人才的综合素质主要体现在政治思想素质、军人职业素养、终身学习意识、探索创新精神、国际视野等方面。一是政治思想素质方面，要有政治立场坚定，思想品德纯洁，法纪意识牢固，立志献身国防，忠实履行职责，坚定听党指挥，坚决维护核心，具有优良的军人职业素养，努力践行强军目标要求，争做新一代"四有"革命军人。二是军人职业素养和规范方面，要具有良好军人作风和战斗精神，具有人文社会科学素养、社会责任感，能够在实践中理解并遵守通信兵职业道德和规范，履行通信兵岗位责任。三是终身学习意识方面，要具有自主学习、终身学习的意识，能够很快地适应信息通信技术发展、军事信息通信网系发展和联合作战信息通信保障的新需求，能够适应岗位晋升发展要求。四是探索创新精神方面，具有较强的探索精神，能将多学科知识交叉融合用于解决现实问题，在解决信息通信领域复杂问题解决过程中体现创新意识。五是国际视野和协作精神，具有良好的人文社会科学素养、国际化的视野、良好的表达交流能力、组织协调能力，能够在团队工作中发挥骨干作用，具备承担领导角色的能力，能够在跨文化背景下进行沟通和交流。

根据军事信息通信人才的业务能力和综合素质需求，可以将其综合为"胜任力+创新力"能力素质模型（图4-1）。

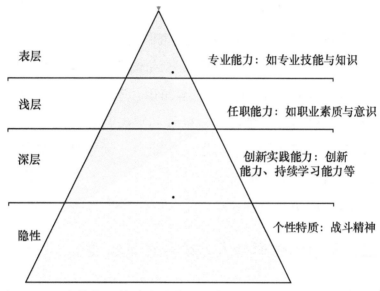

图4-1　军事信息通信人才培养"胜任力+创新力"能力素质模型

二、军事信息通信人才培养目标

根据信息通信类专业军官成长周期，通用通信技术与指挥专业生长军官学员培养目标包括近期发展目标和中长期发展目标两个层面。

（一）近期发展目标

培养懂技术、会指挥、善管理的复合型初级信息通信技术与指挥军官，具有扎实的专业基础和业务技能，能够运用数理知识、工程基础知识、通信工程专业知识及相关技能，胜任通用通信技术与指挥专业或通信工程专业首次任职岗位。3~5 年能够发展为高素质、专业化新型工程师或指挥军官，能够独立解决通信工程相关领域复杂工程问题，成为所在单位的技术骨干或优秀指挥员。

（二）中长期发展目标

培养具备过硬的思想政治素质、深厚的科学文化基础、良好的军事基础素质和身体心理素质，熟练掌握本学科专业领域和首次任职岗位领域的基础理论、基本知识、基本方法和基本技能，具有较强的系统整合思维能力、推理和解决问题能力、创新实践能力、语言文字表达能力、沟通协作能力、领导管理能力，具有良好的发展潜力，能够胜任第一任职岗位工作的高素质新型军事人才，成长为通晓战争的科技专家和掌握科技的军事专家。

三、军事信息通信人才培养毕业标准

遵循新工科通用标准的制定原则和思路，以军队院校教学评价相关标准要求为底线，以具体广泛认可度的《中国工程教育认证通用标准》为基础，统筹考虑岗位胜任力和创新力，应从专业知识、军政素质、任职技能、工程认证、合作与发展 5 个方面把握军事信息通信专业生长军官本科学员毕业标准。

（一）专业知识标准

专业知识标准主要包括基础知识、应用知识和工具使用。

1. 基础知识

具有从事军事信息通信领域工作所需数学、自然科学、人文科学等基础知识，掌握工程基础知识、信息技术基础与程序设计等知识，能够应用其基本概念、理论和方法分析军事信息通信工作中的实际问题。

2. 应用知识

具有从事军事信息通信领域工作所需的通信原理、通信网络基础、信息论与编码基础等专业知识，掌握信息通信系统与网络基本工作机理，并能够运用于军事信息通信保障复杂问题的分析。

3. 工具使用

能熟练运用文献检索工具，获取通信工程领域理论与技术的最新进展；能熟练使用电子仪器仪表观察分析电子电路、通信系统性能，并能运用图表、公式等手段表达和解决通信工程的设计问题；能开发、选择与使用恰当的技术、资源、现代工程工具和信息技术工具，完成通信系统与网络中复杂工程问题的预测、模拟和仿真分析，能理解其局限性。

（二）军政素质标准

军政素质标准主要包括职业规范、军事素质、工程伦理。

1. 职业规范

具有哲学、历史、法律、文化等人文社会科学素养和家国情怀，掌握马克思主义基本理论和中国特色社会主义理论体系，具有初步的政治观察分析能力和政策理解执行能力，理解应担负的社会责任；能够在工程实践中理解并遵守工程职业道德和规范，具有良好的美学意识和劳动意识，履行岗位职责；树立当代革命军人核心价值观和通信兵职业道德意识，政治立场坚定，思想品德端正，法纪意识牢固，立志献身国防，忠实履行职责。

2. 军事素质

掌握必备的军事基础知识；具有良好的军事技能；具有勇敢顽强的军人作风和严格的组织纪律观念，具有强健的体魄、良好的心理承受和自我调控能力。

3. 工程伦理

能够了解通信工程相关领域的背景知识，包括技术标准、知识产权、产业政策和法律法规，理解应承担的责任，并应用于工程实践；能够基于工程相关背景知识，分析和评价通信工程领域的工程实践和复杂工程问题，解决方案对社会、健康、安全、法律以及文化的影响，并理解解决方案可能产生的后果和应承担的责任；了解与通信工程专业相关的环境保护和可持续发展等方面的方针、政策和法律、法规，能够理解和评价针对复杂工程问题的工程实践对环境、社会可持续发展的影响。

（三）任职技能标准

指挥管理方向学员，熟悉典型信息通信网系装备工作原理和基本战技术性能，会操作运用典型信息通信装备基本功能，能够依据信息通信保障方案组织信息通信站点建立、网系开通；初步掌握信息通信分队组织指挥的基本方法流程，会组织指挥分队战斗行动、临机处置战术情况，能够带领分队完成信息通信保障任务；初步掌握信息通信分队思想政治教育、文化活动组织、心理服务等基层政治工作方法与技能，会组织开展基层政治工作；初步掌握信息通信分队管理的方法与技能，会开展信息通信分队经常性管理工作；初步掌握拟制训练计划、备课示教等方法与技能，能够结合条件、依据训练大纲组织信息通信分队军事训练。

通信工程技术方向学员，具备信息通信系统的分析、设计和开发能力；具备信息通信系统的运行管理、装备维护和信息通信保障能力；具备信息通信系统的研究和创新实践能力。

（四）工程认证标准

工程认证标准包括复杂工程问题分析、复杂工程问题研究、复杂工程问题解决。

1. 复杂工程问题分析

能够针对通信工程领域的工程问题进行问题识别，分析其面临的各种制约条件，对任务目标给出需求描述；根据通信工程领域的复杂工程问题的需求描述，运用数学、自然科学和工程科学原理及方法进行分析，建立解决问题的抽象模型；针对已建立的复杂工程问题的抽象模型，通过文献检索与资料查询获取相关知识，运用数学、自然科学和通信工程中的基本原理论证模型的合理性，并得出有效结论。

2. 复杂工程问题研究

能够基于科学原理、运用科学思维、采用科学方法，将多学科知识交叉融合，对通信工程领域的复杂工程问题进行研究，设计合适的实验和研究方案；能够根据实验与研究方案，运用通信工程实验环境进行实验，并能正确采集、分析及整理实验数据；能够正确观察、记录实验数据，并对实验结果进行解释，通过信息综合得到合理有效的结论。

3. 复杂工程问题解决

能够设计针对信息通信系统与网络中的复杂工程问题解决方案，针对特定需求进行软硬件模块或系统设计与开发，并能够在设计环节中体现创新意识，考虑社会、健康、安全、法律、文化以及环境等因素。

（五）合作与发展标准

合作与发展标准包括沟通能力、协作能力、终身学习。

1. 沟通能力

具有良好的表达能力，能够就通信系统与网络中的复杂工程问题与业界同行及社会公众进行有效的书面及口头沟通和交流，

61

包括撰写报告和设计文稿、陈述发言、清晰表达或回应指令；熟练掌握一门外语，并具备一定的国际视野，能够在跨文化背景下进行沟通和交流。

2. 协作能力

具有团队协作精神，能够在多学科背景的团队中承担个体、团队成员以及负责人的角色，完成所承担的任务。

3. 终身学习

具有自主学习和终身学习的意识，有不断学习和适应岗位变化的能力；能针对个人或职业发展规划，采用合适的方法自主学习，提高个人能力素质。

结合岗位能力需求和毕业标准，可以将通用通信技术与指挥（通信工程）专业生长军官能力的培养目标要求细化为政治工作能力、分队管理能力、分队组训能力、分队指挥能力、岗位业务能力和研究创新能力等方面的标准（表4-1）。

表4-1　通用通信技术与指挥（通信工程）专业生长军官人才能力素质标准

一级能力	二级能力	标　准
政治工作能力	基层思想工作能力	会分析研究新形势下基层思想政治工作新任务、新特点、新要求，具备初步的政治观察分析能力和政策理解执行能力，会做基层经常性思想工作，具备基层思想政治教育能力
	基层文化工作能力	会教唱歌曲，具备组织体育竞赛，举办晚会、黑板报、俱乐部活动、网络文化活动等能力，具备组织开展基层战时文化活动的能力
	基层心理服务能力	具备一定的心理适应和承受能力，能够组织实施心理训练，能够治疗与预防战斗应激反应
	政治理论知识	掌握我军政治工作的基本理论；了解我军心理服务工作的主要内容和方法
	思想政治素质	牢固树立"生命线"意识；坚定听党指挥、维护核心的政治立场；强化血性担当的心理品质
	基层政治工作能力	具备与首次任职相适应的基层政治工作能力；具备基层心理服务工作的基本技能

一级能力	二级能力	标　准
分队管理能力	人员管理能力	熟悉人员管理的主要内容； 掌握对分队不同人员管理的主要方法
	日常行政管理能力	熟悉日常行政管理的主要内容； 掌握日常行政管理的主要方法
	训练管理能力	熟悉训练管理的主要内容； 掌握进行训练管理的方法
	后勤装备管理能力	熟悉后勤装备管理的主要内容； 掌握进行后勤装备管理的主要方法
	心理管理能力	熟悉心理管理的主要内容； 掌握进行心理管理的主要方法
分队组训能力	分队训练准备能力	能够针对性的开展思想动员，调动训练热情； 能够根据训练科目和训练进度有效制定训练计划； 能够编写教案、制作课件、组织备课试讲； 能够科学有效地进行物资器材和教练环境等物质准备
	分队训练组织实施能力	能够结合条件、依据大纲，组织实施各科目的训练，解决分队训练实施过程中的问题； 能够按程序组织实施训练考评，能够进行口头和书面训练总结
	分队训练管理保障能力	能够有效地进行训练经费、教材与器材、场地与设施、物资技术保障； 能够有效地进行训练计划管理、制度管理和质量管理
	"四会"教练能力	能够科学组织运用语言进行讲授，做到准确、精炼、生动、贴切； 能够运用标准、熟练、过硬的动作进行教练； 能够运用灵活多样的教学方法组织教练，提高教练效果； 能够运用多样的手段，进行及时、实在、可行的思想工作，激发训练热情

一级能力	二级能力	标　准
分队指挥 能力	方案计划拟制能力	能够制定通信分队战斗行动方案，通信分队现地勘察计划，通信要素配置与技术连接方案，通信网系调整、撤收与转移计划
	通信手段运用能力	能够组织节点站、无线电台、卫星通信站以及数据链接入站等通信台站的开设与撤收，能够运用不同通信手段组织机动通信联络，能够针对不同通信手段，合理运用技术和战术方法开展通信电子防御和综合防护
	通信值勤管理能力	能够组织节点站、无线电台、卫星通信站以及数据链接入站等通信台站进行沟通联络、业务通信、结束联络以及表报资料填写，掌握通信台站值勤管理规定，及时纠正违反值勤管理规定的不当行为
	战斗行动控制能力	掌握通信分队受领任务、组织准备、组织机动、现地勘察、展开与工作、通信电子防御与综合防护、撤收与转移等战斗行动的基本流程，能够组织指挥所通信枢纽的开设，临机处置战斗行动中的各种情况
岗位业务 能力	装备操作运用能力	熟悉典型通信网系装备工作原理和基本性能； 会操作典型通信装备的基本功能； 能够正确维护通信装备和查找、排除简单的通信装备故障； 具备自主学习的能力，能够快速掌握新型通信装备的操作使用和维护保养
	岗位值班备勤能力	熟悉通信分队长岗位的基本职责，熟悉通信分队的主要保障任务； 熟悉通信值班流程和方法，了解突发情况处置流程和方法； 掌握战备等级转换内容要求和组织实施方法，能够组织分队在规定时限内完成战备等级转换
	网系组织运用能力	熟悉通信网系组织运用的流程方法和规章制度； 能够依据上级信息通信保障计划，规划运用通信网系资源； 能够带领分队组织通信网系开通，落实网系组织和资源调整任务
	网系运维保障能力	熟悉通信网系运行维护流程和方法； 能够利用管理系统及时掌握各信息通信网系运行状态； 能够及时发现和处置网络运行故障或突发情况

续表

一级能力	二级能力	标　准
研究创新能力	理论研究能力	掌握开展理论研究的基本方法； 具备对客观事物的本质及其规律的观察能力； 能够对现象或经验进行总结归纳； 能够对影响事物的关键因素进行提取、抽象和演绎
	工程设计能力	具备工程化思维； 掌握典型的工程设计方法； 能够对简单系统或研究课题进行工程设计； 能够对工程设计进行可行性分析； 掌握对工程设计实例进行实验验证的方法
	项目实践能力	掌握项目实践的基本流程和方法； 具备项目可行性分析能力； 具备分工协作能力； 具备有效的沟通交流技能； 具备风险评估能力； 具备项目管理能力
	归纳写作能力	具备文献资料检索搜集、梳理总结能力； 具备围绕写作主题提出论点论据的能力； 具备设计实验方案及技术路线的能力； 具备研究成果写作呈现能力

第五章　新工科视域下军事信息通信人才培养内容体系

进入 21 世纪以来，以智能化为发展方向的第四次工业革命，给科学技术发展和世界高等教育带来了根本性甚至是颠覆性的影响。知识更新快速迭代，正深刻改变着各个学科的内涵与外延，学科专业之间广泛交叉、深度融合已经成为现代科学和工程技术发展的必然趋势。科学把握学科交叉融合发展机遇，借鉴"新工科"建设经验，适应支撑世界一流军队的发展需要，遵循供给侧改革的发展观，加快推进军事信息通信人才培养内容改革，重构军事信息通信人才培养内容体系，是大力培养德才兼备的高素质专业化军事信息通信人才的核心任务。

一、新型学科专业设置

适应世界新军事变革发展趋势和世界一流军队建设的需要，深入贯彻新时代军事教育方针，对接国防和军队改革新体制新编制，统筹基础学科和应用学科、传统学科和新兴学科、综合学科或交叉学科等之间的关系，借鉴新工科专业设置经验，重塑军事通信类专业体系，调整优化军事通信类学科专业布局结构和资源配置，从结构上突破旧形态、充实新内涵，加快构建具有我军特色、满足部队需求、服务备战打仗的优势学科，使其早日达到世界一流水平。

（一）确立"新军科"专业设置理念

新技术、新产业、新业态和新模式为特征的新经济需求催生了"新工科"，同样，新技术的军事应用、新军事变革和新的战争形态对军事高等教育也有发展"新军科"的强烈需求。必须围绕满足信息通信领域初级指挥管理军官和专业技术军官的首次岗位任职需求和后续晋升发展需要，坚持"学员中心、产出导向、持续改进"教育理念，参照国家推进"新工科"、实施"卓越工程师"教育培养计划的经验做法，推动军事学学科专业建设向"新军科"转型。充分认清军事学本科教育的独特性，遵循植根军队沃土办军事教育的基本指导，与时俱进，确立"新军科"本科专业建设理念，引领专业优化再造和内容升级。一是坚守初心使命意识。回归培养军事指挥人才的军事学专业建设初心，紧贴信息通信领域高素质专业化新型指挥管理人才培养需要，坚持面向部队、面向战场、面向未来，提升信息通信类专业的"含军量""含战量"，强化姓军为战、备战保通的专业特色。二是确立交叉融合理念。适应军队"三化"融合发展形势要求，着眼为打赢智能化战争预置信息通信人才，推动工科专业与军事学专业深度融合，赋予传统通信指挥专业新内涵，孕育孵化新兴的信息通信领域军事学专业。三是强化分类发展思路。转变传统粗放式建设管理方式，根据院校办学定位和人才培养需求不同，统筹推进信息通信类工科专业与军事学专业、学术型专业与应用型专业等不同类型本科专业协同发展，实施差异化管理，构建和谐共生专业生态结构。

（二）增设信息通信类军事学本科专业

为适应军队机械化信息化智能化融合发展需要，着眼支撑网络信息体系运行，突破按照学科知识体系设置的普通高等教育专业结构框架，紧贴部队需求、作战需求、岗位需求，对接信息通信领域岗位群，在作战类本科专业中增设信息通信分队指挥、通信网络管理控制等军事学特色本科专业，并将其作为特设专业或国家控制专业纳入国家本科专业目录，对接支撑研究生教育学科目录中的军队指挥学信息通信专业和军事指挥领域信息通信保障专业，完善贯通本硕博学历教育、关联信息通信领域军官晋升教育的信息通信类军事学学科专业体系。着眼支撑网络信息体系构建运用，对接信息通信领域岗位群，调整优化国家和军队院校本科专业目录中的信息通信类专业设置。一是增设军事学特色专业。在军事学门类作战类本科专业中增设信息通信分队指挥、网信资源管理等特色专业，并将其作为军队院校特设专业或控制布点专业纳入国家本科专业目录，贯通本硕博军事学学历教育专业链条。二是拓展工科专业军事属性。借鉴《军队院校专业目录》（1999年）专业设置，开放通信工程、电子信息工程等工科专业授予军事学学位的权限，为军队院校对工科专业实施"军事+"改造、开展军事学人才培养提供指导依据。三是健全专业动态调整机制。在专业设置和调整方面赋予院校更多自主权，允许院校根据职能定位、服务面向和部队需求动态变化情况，按需开（增）设军事信息通信类综合性专业，为开展"订单式"培养、预置军事斗争准备专门人才提供制度保证。

（三）融入国家高等教育评估认证体系

借鉴国家普通高等学校本科专业类教学质量标准和专业评估认证机制，创新信息通信类军事学本科专业质量标准，探索构建军队版一流学科专业评估体系，完善适合信息通信类军事学本科专业教学质量的依据，定期对专业开展独立评估和认证，并将评估认证结论与国家同类一流学科专业评估认证结果同等对待，提升军事学学科专业评估认证结果的权威性。

二、课程体系优化

课程是人才培养的重要载体和核心要素，直接关系到学生知识的获得和后续能力的培养。军事信息通信人才培养，必须按照"胜任力+创新力"的培养目标，遵循更加注重首次任职岗位胜任能力培养、更加注重创新精神的培育，更加注重运用多学科知识解决通信领域的复杂工程问题的思路，优化课程体系设置。

（一）夯实公共基础和通识课程，筑牢学员数理基础

按照政治理论、军事基础（含领导管理）、科学文化、自然科学、人文科学和公共工具 5 个系列，开设公共基础和通识课程。融入习近平强军思想等政治理论知识、多域精确战等前沿军事理论知识、现代电子信息科学等自然科学知识、军事伦理与心理等人文科学知识、建模仿真等公共工具运用知识，提升公共基础课程的时代性和前沿性。适应学科交叉融合发展趋势，适当开设一些多学科交叉融合的综合性课程，使学员的基础知识和专业知识能够得到共同发展，构建军、理、工、管等学科相互渗透的课程体系。

（二）拓展通信工程基础课程，实施宽口径专业教育

着眼适应工程认证标准要求，借鉴国内知名高校做法，将《高频电子线路》《数字信号处理》《信息网络安全基础》《模拟电子技术实践》等课程提前到工程基础与专业基础课程模块，将

《工程伦理》等课程列为限制性选修课程。紧贴军事信息通信专业方向，积极推动《军事信息通信导论》《信息通信指挥基础》等基础课程升级改造，动态补充新理念、新技术、新装备、新战法，持续提升教学内容的创新性、挑战度。保证教学内容与时代发展同步、与军事变革合拍、与使命任务契合。

（三）优化专业应用技能课程，突出首次任职能力培养

以军事高等教育院校全面服务于部队建设、服务于备战打仗为目标，强力推进教战一致、训战耦合知识体系构建，瞄准打赢信息化智能化战争，围绕军队建管用训保等领域，丰富拓展网络信息体系构建运用、新型作战力量建设、现代管理理论、管理信息化智能化、网电空间作战、有人无人协同作战、分布式交互式训练、多域精确保障、智能化保障等应用知识，形成支撑世界一流军队建设的军事应用知识体系。此外，高校要合理设置通识课程和专业课程的比重，努力提供多样化、宽领域的选修课程，提高学生知识结构的系统性和连贯性，使学生具有多学科的知识储备，形成综合运用跨学科知识解决复杂工程问题的能力。

（四）增加学科前沿动态课程，突出创新能力培养

着眼拓展学员视野，提高学员长远发展能力，紧贴信息通信技术和军事信息通信理论创新，开设学科导论课程和前沿研讨课程，围绕下一代网络、大数据、网云融合等热点问题和学员普遍感兴趣的问题，扩充学员知识。着眼提高学员信息通信系统研究与创新实践能力，增加《5G与未来通信》《大数据技术基础》和《通信工程专业设计》等紧贴学科前沿且与研究生培养密切关联的专业课程。

（五）强化综合实践课程，突出实践能力培养

实践课程是通用通信技术与指挥等信息通信类专业生长军官核心素养培育的最直接有效的途径，可以使学员通过实践操作夯实专业知识基础，提升专业知识的系统化，锻炼创新实践能力。一是依托专业课程设置实践教学项目。按照"循序渐进、逐步晋级，先易后难、由浅入深"的原则，专业课程设置若干8学时以内的课内实践项目，在夯实学员知识基础的同时，重点培养提高独立分析问题和解决问题的能力以及项目组成员的团队协作意识。二是设置综合实践实训教学项目。按照集中设置、编组作业的方式，依托综合训练场地，开设军事基础综合训练、信息通信装备组网训练、综合演练等综合实践项目，提升学员的专业综合素质和指挥管理能力。三是依托联教联训基地开展部队岗位实践教学项目。依托典型信息通信部队建立联教联训基地，区分岗位认知实践和首次任职岗位实习两次不同目标定位的实践教学项目，以部队任职岗位为课堂，以一线官兵为教员，以部队工作生活实践为载体，锻炼学员适应任职岗位的能力。

三、教学内容设计

着眼应对信息化时代的各种挑战，完成军事斗争准备的各项任务，遵循信息通信领域人才培养指技融合、战技结合的特色要求，融入国际工程技术人才和强军新工科的最新教育理念，促进学历教育阶段技术基础"金课"和首次任职教育阶段专业技能"金课"建设，提升教学内容的高阶性、创新性和挑战度。特别是首次任职教育阶段，要充分发挥学院高等教育优势

资源，在保持传统任职教育课程贴近部队岗位优势的同时，增加定量分析、工程化方法和技术应用等内容比重，强化思维方法和创新能力培养，构建有利于指挥管理能力和网系业务能力复合化培养的教学内容体系，不断提高任职教育课程的内涵品质。

（一）构建"矩阵式"教学内容体系

针对联合作战通信保障岗位"业务综合、指技结合"的特征，以光纤、卫星、短波、移动等网系要素专业知识体系为横轴，以技术原理、装备操作、网系组织、运维管理、勤务战术等内容模块为纵轴，构建覆盖不同装备形态、不同应用层次的教学内容体系。其中，技术原理模块重点学习波形特点、信道原理、收发特性、影响因子等，提升学员量化分析能力；装备操作模块重点学习典型装备的一般操作方法、主要参数配置，提高学员动手能力的同时还要综合考虑通信装备的现状与未来发展；网系组织模块重点基于频率要求、功率要求等分析组网机理，提升学员组织筹划能力；运维管理模块重点学习资源分配、性能分析、业务提供、故障处置等方法，提升学员网系维护保障能力；勤务战术模块重点学习勤务规范、战术动作，提升学员基本战术素养和分队组训能力。每个模块有清晰的输入、输出和控制，用以描述先导知识、后续知识的逻辑关系和约束条件。

（二）梳理"主线式"课堂知识点

课堂教学改革的核心在于关键知识点的抽取、串接、强化。任课教员要按照"知识是什么、学员要什么、教员怎么教"的思路，将散见于各类文献资料中的信息按照学员的需求和特点进行再创造，注意启迪学生创新思维，引导学生发现、分析和解决问题，以严密的逻辑推理使人信服，以生动的情景体验让人接受。一般可以按照"一条主线、若干知识点、内外交互关系、一两个亮点"的要求优化每堂课的教学内容设计。其中，"一条主线"可以是从组成、功能到应用这样的串行逻辑主线，也可以是从可重用、可分解到可扩展这样的并行特征主线；"若干知识点"是授课内容高度凝炼的元知识，是能够自由组合、启发思维、产生聚变的"火石"，每次课一般不超过 5 个知识点，需要充分设计论证；"内外交互关系"既包括本次课内部知识点的逻辑关系，也包括前后课堂内容的传承启合关系，在每次课的首尾、各部分的过渡中应着力讲清，在机理分析、量化推导中也应相互引用验证；"一两个亮点"是指能够引起学员高度关注的兴趣点、兴奋点和认同点，一般在一次课中有 1~2 个知识点，可以是严密的逻辑推理，也可以是鲜活的事例，甚至是一段形象的肢体语言和神采展现。"主线式"的课堂知识点设计方法，关键在基于效果的整体设计，力求通过面对面、点对点的精讲精练精研，实现小课堂、大作为。

（三）编写"工程化"课程教材

通用通信技术与指挥专业任职课程内容专业性强、动态更新比较快，课程建设必须紧贴技术环境条件和部队作战训练任务持续改革创新，任课教员不断完善教材、案例和装备操作指导书。在课程和教材建设上要按照工程化的思路进行，编写指导强调需求牵引，内容安排注重体系设计，编写组织注重过程管控，以实现与教学的最佳匹配度。在总体设计上，要重点关注书本知识与课堂讲授的关系、在校学习与职业发展的关系、新增内容与现有体系的关系，教材建设主要解决知识的体系完备性、岗位针对性，课程建设主要解决能力的塑造，两者共同完成素质的培养。在过程管控上，建立项目管理线、技术指导线和质量管控线，项目管理线负责论证、制定项目建设方案，按年度月份将项目分解细化，并负责项目建设任务的具体实施；技术指导线负责对建设内容和目标进行联合审查、督导落实，研究解决项目重大问题；质量管控线负责定期检查、反馈项目的建设质量、试运行效果以及预期效益。"工程化"的课程、教材建设方法，能够在一个明确的基线、稳定的框架下，实现项目建设的动态迭代、不断完善、持续发展。

（四）有机融入课程思政元素

党的十八大以来，习近平主席多次强调要把立德树人作为教育的根本任务。2013 年，习近平主席在视察国防科技大学时指出："青年学员思想政治是否过硬，直接决定军队未来，关系枪杆子能否永远掌握在忠诚于党的可靠的人手中"，强调"要切实抓好青年学员思想政治工作"。2016 年，习近平主席在全国高校思想政治工作会议上进一步强调，"要用好课堂教学这个主渠道，各门课程都要守好一段渠、种好责任田，使各类课程与思想政治理论课同向同行，形成协同效应"。习近平主席关于立德树人和课程思政建设的系列重要论述为军事信息通信人才培养课程教学融入思政元素指明了发展方向。

1. 准确理解重大意义，明确课程思政育人方向

军事信息通信专业课程是信息通信人才培养的核心课程，在提高学员信息通信基础知识、专业能力的同时，也要与思想政治课程同向同行，在培养忠诚信念、爱军情怀、兵种意识、战斗精神和岗位职业道德方面发挥协同育人功能。结合青年学

员入伍时间短，通信兵优良传统感受不够深刻的实际，以通信兵战斗精神和岗位职业道德等兵种传统文化为主要内容，深入挖掘和转化运用课程思政元素，实施以"知我通信兵、爱我通信兵、强我通信兵"为主题的课程思政教学，对提高其综合素质具有重要意义。一是贯彻落实新时代军事教育方针的现实需要。新时代军事教育方针强调要坚持立德树人、为战育人，培养德才兼备的高素质专业化新型军事人才，进一步明确了军队院校要始终坚持从思想上政治上办学治校育人，把德育摆在育人首位、把政治素质摆在人才素质首位，确保培养的人才绝对忠诚、绝对纯洁、绝对可靠的任务指向。贯彻落实新时代军事教育方针要求，必须推动专业课程融入"思政元素"，充分释放课程所承载的思想政治教育功能，讲出"思政味道"，突出育人价值，与思想政治理论课程同向同行、同频共振，共同构建立体性思政格局。二是落实课程思政建设指导纲要的重要举措。我国高等教育历来高度重视依托课程教学开展思想政治教育工作，早在 1987 年党中央就发布了《关于改进和加强高等学校思想政治工作的决定》，明确提出"把思想政治教育与业务教学工作结合起来"的要求。为了推动新时代课程思政建设深入发展，2020 年，教育部专门印发了《高等学校课程思政建设指导纲要》，明确了课程思政建设目标要求和内容重点，并结合文史类、理工类、农学类、医学类、艺术类等不同专业的特点，提出分类推进课程思政建设的指导意见，为高校教师开展课程思政教学提供了基本规范。军事信息通信专业课程必须按照教育部指导纲要的相关要求，注重把握课程思政建设的主线和重点，着眼把知识传授与价值塑造、能力培养融为一体，切实将通信兵红色基因融入学员血脉、植入学员灵魂，校准学员价值追求,激发学员工作热情,培育学员职业意识。三是提升专业课程教学质量的必然要求。进入新时代,随着互联网、融媒体的发展和应用,多种文化相互激荡、相互影响、相互融合,军校学员成长环境正在发生深刻变化,学员思想活动独立性、选择性、多变性和差异性不断增强,价值取向呈现多样化趋势,特别是缺少信息通信部(分)队工作经历的青年学员,因为对通信兵文化精神缺乏理解和认同,在军事信息通信专业课程教学过程中,不同程度地存在着学习兴趣不够高、精通专业知识动力不足等问题,利用课程思政的理念优化教学设计,有机融合课程思政元素,灵活运用教学方法,能够有效地发挥专业课程的思政育人功能,确保专业课程教学质量效果。

2. 科学设计教学内容,把握课程思政核心要义

军事信息通信专业课程蕴含着丰富的思想政治教育资源,应当通过合理的教学设计,将通信兵优良传统和红色基因穿插到教学中,弘扬通信兵特有的革命精神,深化当代革命军人核心价值观培育工作,激励学员更好地履行肩负的职能任务。一是系统梳理挖掘课程思政元素。自我军通信兵诞生以来,在长期通信建设与保障实践过程中,一代又一代通信官兵用生命、忠诚和智慧创造出了辉煌业绩,积累了宝贵精神财富,形成的独具兵种特色的"红色电波文化""红军通校精神",永远值得广大通信官兵继续传承和发扬广大。军事信息通信专业课程要深入挖掘通信兵精神文化、红色基因中蕴含的课程思政元素,梳理赤胆忠诚的传令兵意识、热爱岗位的职能使命意识、遵规守纪的职业道德、勇敢顽强的战斗精神、团结协作的兵种文化、甘当无名英雄的献身精神等内容,充实到课程内容体系之中。二是将思政元素有机融合专业知识教学。针对生长军官本科、

军士职业教育本科和研究生等不同类型培训对象的个性特点和培养目标，对照军事信息通信专业课程教学内容要求，在不同的知识点合理融入思政元素，匹配形成体系化的课程思政教学内容，有针对性地实施课程思政教学。例如，生长军官本科学员教学中围绕提高分队指挥与技术军官第一任职岗位任职能力相关专业知识，重点突出指挥员政治坚定、机智勇敢方面的思政元素，加强岗位职业意识培养；军士职业教育本科学员教学中围绕提高值机值勤能力，重点突出红旗台站和先进个人值班备勤方面的思政元素，加强团结互助、遵章守纪意识培养；研究生学员教学中围绕提高科研创新能力，重点突出通信兵职能任务拓展、科技创新等方面的思政元素，加强自主创新、勇攀高峰意识的培养。三是坚持育德育才一体编写课程系列教材。统筹专业教学内容和课程思政元素，适应不同培训对象编写体系配套、层次递进，专业知识与思政元素融为一体、相互印证、内在契合的特色突出的教材（讲义、辅导材料），形成以基本教材为核心，《通信兵意识》《通信兵故事》《通信兵红色基因战（案）例库》《通信兵往事回想》《王净传》等阅读书目和专题网站、MOOC 等相关网络资源为拓展的立体化、多样化的教材，为任课教员展开课程思政教学提供内容源泉，与思政课程同向同行同频，共同为培养通信兵红色传人服务。

3. 聚力优化方法路径，夯实课程思政根本落点

推进课程思政教学改革是立德树人、举旗育人的重要举措，信息通信院校要深入贯彻落实新时代军事教育方针，参照《高等学校课程思政建设指导纲要》的有关要求，结合军队院校教学实际，坚持以学员为中心的教学原则，紧贴军事信息通信专业课程

定位，对标当代革命军人核心价值观的培育，聚焦信息通信专业学员任职岗位能力素质要求，以继承和发扬通信兵的优良传统为导向，坚持育德育才一体、理论实践一体、课内课外一体的课程思政理念，创新课程思政教学实施方法路径，为提升学员思想政治素质和专业能力提供保证，为军队院校同类课程思政教学改革提供借鉴。一是探索同向同行协同育人体系。坚持立德树人的"大课程"观，树立开放式教学理念，科学设置教学科目，将课堂教学与课后作业、第二课堂活动、军事训练、学科竞赛等活动统筹设计，将通信兵精神、通信兵英模事迹、通信兵重大工程等相关资源作为课程辅助材料分发给学员，组织和引导学员积极参与和体验相关课外活动。在课堂教学环节，在课前教学对象调查分析的基础上，精心设计课程思政实施时机，优选与专业知识点相匹配的课程思政元素，切实达成预期的思政教学效果。二是创新思政元素融入方式。结合青年学员特点，综合采用专题式融入、知识点融入、项目式融入、活动式融入、身教式融入等方式，将通信兵优良传统相关思政元素有机融入到军事通信网系建设、网络管理、值班值勤、重大任务保障等教学内容之中（表5-1），通过典型案例、先进事迹和身边人、身边事等大量鲜活事例让学员在课堂上切实感受到通信兵使命意识、战斗精神和职业道德，激发学员通信兵的职业自豪感，树立传承通信兵红色基因的责任意识，培育通信兵的战斗精神和职业道德。三是改革课程考核评价方式与标准。综合采用形成性考核与终结性考核相结合的办法改革课程考核评价，将课程思政教学方面的作业成绩、项目任务完成情况纳入课程考核成绩，鼓励学员学用结合，通过课后动手、动脑推动通信兵红色文化入耳入脑入心。

表 5-1　军事通信导论课程思政元素融入方式与应用举例

融入方式	实施方法	应用举例
专题式融入	集中设立专题章节实施相关内容教学	针对军士职业教育学员岗位指向性强、职业道德培育需求突出的特点，专门开设通信兵文化一章，从通信兵发展历程、通信兵使命任务、通信兵战斗精神和岗位职业道德等方面讲授通信兵优良传统文化，引导学员树立兵种意识，增强职业责任感和爱岗敬业意识
知识点融入	与专业知识点结合实施，利用 1~2 分钟实施相关教学内容	针对生长军官任职培训学员入伍时间短、对我军优良传统了解不深的特点，理论教学环节结合军事通信力量编制结构、使命任务、通信手段、通信网络建设、通信枢纽开设等知识点教学，融合相关课程思政元素，使学员增加对通信兵文化基因的认识，培育学员以通信兵文化为主要内容的当代革命军人核心价值观，校准学员价值追求
项目式融入	结合教学内容，布置项目任务，让学员自主开展思政元素体学习和体验	结合研究生学员自主学习能力强的特点，在军事通信网络、军事通信管理、军事通信保障等专题，结合课程思政元素设计教学项目任务，给学员发放课外阅读材料，让学员完成读书报告或相关项目报告，使学员在项目研究中深化对通信兵优良传统文化的理解认识，将通信兵红色基因融入血脉，增强立足本职开展科研创新、履职尽责的动力
活动式融入	采用课前交流、第二课堂活动和学科竞赛延伸课程教学内容	采取"课前 5 分钟"交流活动，让学员通过讲故事、析案例、学典型、谈体会强化对通信兵精神的理解认识，将通信兵意识植入灵魂；根据学员第二课堂活动计划和学科竞赛计划，教员配合学员队组织学员开展"我心目中的通信兵英模"演讲比赛、辩论赛等活动，组队参加学科竞赛活动，通过活动固化学员通信兵职业意识
身教式融入	教员为学员做好表率	在教学过程中，教员牢记三尺讲台有纪律、三尺讲台有政治，以严谨的治学态度、良好的作风形象、高尚的师德感染带动学员培育正确的价值观

第六章 新工科视域下军事信息通信人才培养方法路径

人才培养是一个系统工程，必须遵循科学的方法路径。坚持产出导向的理念，持续推动新工科建设和新工科人才培养的实践经验为军事信息通信人才培养方法路径创新提供了参考遵循。进入新时代，军事信息通信人才培养应当借鉴高等工程教育模式和新工科范式，聚焦学员首次岗位任职能力生成和持续发展能力的培养，运用高等教育项目化教学的理念，强化实践化教学环节，促进军事信息通信人才培养方法路径创新。

一、军事信息通信人才培养理念注重"合"

军事信息通信人才培养，是军事信息通信领域相关院校、各级机关与诸军兵种部队等单位共同的使命。为此，人才培养过程中必须着眼形成整体合力，协调好部队与院校、不同院校以及军地之间等多个方面的关系，努力构建统一、集约、高效的培养体系。

（一）坚持军种联合

实行陆、海、空和火箭军等多军兵种信息通信人才混合编班集中培训，加强联合作战基础知识教学，使其掌握联合作战特点规律，熟悉联合作战指挥的活动方式和基本程序，增强联合作意识，能够站在联合作战全局筹划和指挥所属力量开展联合保障行动。

（二）坚持指技复合

信息通信保障是技术密集型领域，军事信息通信人才培养过程中既要打牢联合作战指挥的专业理论基础，也要提高依托信息系统组织开展指挥管理的相关专业技术能力。特别是要提高通信组网运用、依托网络获取信息、依托信息系统组织指挥等技能，为高效地组织指挥联合作战综合信息保障奠定基础。

（三）坚持军民融合

在现有军事信息通信人才培养体系的基础上，通过向下延伸、向上拓展和双向合作，依托高层次人才"强军计划"的实施，加大依托地方高校培养军队通信专业人才的力度，促进形成军地高校联合培养各级各类军事信息通信人才的完整体系，实现地方高校与军队院校培训之间的融合对接，进一步提高军事信息通信人才培养的质量和效益。与此同时，还应充分吸收社会优秀人才为军队信息化建设管理服务，各单位也要依托武器装备生产厂家和科研单位在岗培训部队军事信息通信人才。

（四）坚持训用结合

按照"两个靠拢"的要求，将各级各类信息通信工作岗位的能力需求作为院校教育训练的基本标准，加强一线部队和培训院校之间的交流互动。从人才需求论证、培养方案修订、实践教学组织以及结业考评评估等环节，尽可能由院校部队联合组织实施，实现课堂与战场的对接，强化军事信息通信人才岗位实践能力培养。

二、军事信息通信人才培养路径注重"分"

军事信息通信人才培养既要符合军事信息通信保障工作的总体要求，又应满足军事信息通信领域建设运用过程中不同层次、不同岗位的工作性质、知识结构的特殊要求。因此，人才培养过程中不能"一线平推"，要合理区分层次、区分对象、区分阶段，有针对性地细化培养目标、内容和方法，科学确定培训重点，确保培养质量效果。

（一）分类培养

军事信息通信人才既包括军队信息通信部门与部（分）队的各级指挥人员，又包括信息通信资源规划与设备运维管理岗位的各类技术保障人员，其培养目标指向性有很大的区别。为此，应适应军事人力资源政策制度改革布局，遵循军事人才成长和胜战能力生成规律，统筹规划学历教育、晋升教育和岗位培训等不同教育培训类型，分类设计各类人才的培养发展路径，推进军事信息通信人才分类培养。突破按照指挥类和非指挥类（工程技术类）培养生长军官的传统做法，坚持指技融合、首次任职培训和学历教育融合，实施按大类招生、宽口径培养、按阶段分流的模式。学员在完成公共基础课程学习后，综合考虑学员个人综合素质、性格特点、兴趣特长等因素，根据部队岗位职责属性类型和数量需求，按照学术型、应用型等不同类型人才实施专业分流，展开面向不同岗位去向的专业化、精确化培养。遵循不同类型人才成长规律，分类设计逐级递进式的培养路径。其中，面向军队院校、科研机构和军工单位培养的研究型人才可按照本硕、本硕博贯通式模式培养，体系设计培养目标、培养方案、管理模式，注重科技创新能力培养；面向基层部（分）队培养的应用型人才可按照指挥员、工程师等岗位任职需求，打通本科学历教育——专业学位硕士和晋升教育融合衔接的培养路径，重点提升首次岗位任职能力和长远发展潜力，突出专业性、职业性、应用性。

（二）分段培养

借鉴传统"4+1"合训分流培养模式探索的有益经验，统筹不同类型军队院校、一线部队等军事信息通信人才培养的优势条件，在统一的人才培养目标和培养方案的规范下，积极推行"高等教育院校、信息通信任职教育院校、信息通信部队"的分段培训模式，其中，在高等教育院校重点夯实公共基础知识和军事学科基础知识，在信息通信任职培训院校突出培养军事信息通信人才任职岗位所需专业知识、技能和素质，在信息通信部队强化培养综合实践能力。根据不同专业不同和学员来源不同，可以将学制灵活设置为"2+1.5+0.5""3+0.5+0.5"等不同模式，确保学员创新力和胜任力的同步提升。

（三）分层培养

按照军事信息通信人才能力生成层级和岗位需求的不同，依托国防科技大学、军兵种工程大学和兵种任职教育院校，建立起本科、硕士研究生、博士研究生和本硕博贯通式培养等不同层次的人才培养体系，面向军委机关、战区（军兵种）机关和各级各类部队不同层次岗位的通信指挥管理和技术军官都能得到相应级别的培训，具备相应层级的任职能力和指挥管理素质。

三、军事信息通信人才培养方法注重"新"

军事信息通信人才培养必须牢固树立"学员中心""产出导

向"的教学方法改革理念，创新运用有利于学员实践能力和创新精神培养的多样化教学方法，增强教学的实践性和应用性，努力走出一条"教育观念新、教学方法活、学生训练实、课堂效率高"的教学方法改革新路。

（一）突出问题导向式教学方法

针对军事信息通信领域的内容抽象、理论性强的专业课程，要采取梳理问题清单、引导学员深入探究问题解决方法的教学方法，在教学设计、教材选用、教学方法等方面下功夫，提高课程教学效果。一是科学设计教学问题。按照课程教学计划，突出学员急需掌握的军事信息通信知识内容，结合全军信息通信领域战备训练重难点问题，梳理课程教学重点问题，形成一系列需要学员研究解决的课程教学项目，事先提供给学员预习准备。二是合理选用教材。着眼理论前沿，科学搭配基本教材、读本类辅助教材和实践（验）指导书以及电子信息资源，为学员自主探究课程教学项目提供丰富的学习资源，督促学员自主研究重难点问题。三是精讲重点内容引导学员思考讨论。课堂讲授环节紧贴学科发展前沿和研究动态，重点讲解学员难以把握的方向性问题，引导学员深入思考讨论。重点放在学员研讨交流上，在基本教学内容的基础上加以拓展，提高学员自主解决问题的能力。

（二）突出项目合作式教学方法

根据军事信息通信人才岗位多样的实际，应根据信息通信部队岗位类型不同，合理控制教学编组，形成不同专业方向学员联合编组、项目合作式教学，突出培养学员的实践能力。项目合作式教学的核心是小班化和联合互动。小班化，即按照不同专业方向、不同面向任职岗位精细化编班，将每个教学班的人员控制在

10~15 人，最多不超过 20 人。联合互动，即根据联合作战信息通信保障的业务协作关系，在教学编组中进行混编编组，共同完成教学项目。与传统教学模式相比，项目合作式教学要求高、难度大。重点要把握的关节点如下。一是要精准编组教学班。学员入学后，首先要摸清学员基本情况，在现有系、队管理体制的基础上，根据教学对象的受训基础、专业状况、岗位性质和特点等情况合理编组区队和班，使每个区队和小班都成为一个独立的教学模块，不同的模块之间都可以自由组合成大班。二是精选教学内容。教学班次确定后，要根据不同班次的特点，细化、分解、确立不同的教学目标，让每名学员都学有方向、学有所用、学有动力、学有提高。目标细化后，在搞好调研的基础上，注重因班设课，即针对各类小班的不同目标需求，精心选择深浅有度、重点有别、难点各异的课程内容。三是完善教学条件，做好各项保障。着眼教学班次灵活组合的特点和教学需求，合理调配优化各种教学资源，加大教学保障投入。形成满足教学需求的大、小教室体系，为多层次、多班次学员大班教学、小班教学、实践教学构建训教设备齐全、学练功能完善的教学训练场地。突破传统章节式教材体例，增加问题式、单元式活页教材，形成教学内容命题式、模块化设置，实现专题可随机挑选、课题能灵活组合，全面提升教材的综合性、实践性和应用性。四是严密组织实施项目合作。在大班集中讲授基础理论知识后，对岗位特色鲜明的教学内容实施小班教学和编组作业，通过设定不同类型的作业想定，引导不同专业方向和不同任职岗位指向的学员在统一的项目背景下完成相应的教学实践内容，达成精准提升学员能力的目标。

（三）突出现场体验式教学方法

军事信息通信人才培养应该注重加强想定作业、综合演练等实践性教学环节，突出现场体验式教学，促使学员熟悉未来任职岗位基本业务，着力提高学员分析问题与解决问题的能力。一是开展带真实通信保障任务背景的想定作业。根据我军未来可能遂行的军事行动任务，编写课程教学所需的想定作业材料，以敌我双方真实的指挥体制、作战编成、作战装备为依据，紧紧围绕战备转换、部队机动、组织指挥、作战保障、战场情况处置的重（难）点问题设置训练课题，使学员在作业实践中，发现"真"问题，想出"真"办法，解决"真"问题，提高"真"能力。二是组织实战化综合演练。坚持按照实际通信保障方案组织教学综合演练，按照实际作战编成进行作战要素编配，营造真实的演练环境条件，编设"红、蓝"双方参演力量，背对背地演练通信干扰与反干扰、网络攻击与反攻击、信息窃密与反窃密等课目，增强学员参与演练代入感。

四、军事信息通信人才培养条件注重"实"

教学支撑条件和环境是院校、部队完成教学训练活动的载体与依托，是完成人才培养的重要物质基础，是提高教学质量的基本前提和重要保证。院校教育向部队靠拢，部队训练向实战靠拢，都要求院校和部队加强符合信息时代特征的实战化教学训练手段条件建设，为军事信息通信人才培养奠定坚实基础，提供有力支撑。

（一）突出"实用"，优化整合现有训练条件资源

军事信息通信人才对实践应用能力培养的要求非常高，要求院校必须具备近似部队的实战化教学训练条件与环境，如一定规模的演练场、实验室、专修室、实兵综合作业场、分队作业场、

战术训练场和综合训练场等。但是，实战化的教育训练条件耗费巨大，院校由于受到资金和场地的限制，不可能大规模展开建设，必须多法并举，积极盘活存量资源、充分挖掘内在潜力、优化整合现有训练条件与资源，为军事信息通信人才培养提供有力的条件支撑。按照部队现役指挥信息系统的操作界面和主要功能开发相应的模拟训练系统，并根据教学想定申领或自建能够支撑系统运行的模拟数据，区分导调控制、指挥作业、作战（或保障）模拟等模块构建作战指挥（或保障）综合演练作业平台，使之能够支撑信息通信院校学员开展指挥作业模拟训练。

　　按照实战对军事信息通信人才的训练需求，优化整合院校、训练基地和部队训练条件资源。通过多年建设，全军信息领域的各培训院校、训练基地，以及作战部队均结合自身的培训或训练实际需求，建成了一批功能较强大、技术较先进的实验、试验、演练或训练环境。但是，这些实验、试验、演练或训练环境之间相对独立、自成体系，训练资源利用率较低，难以实现共享，与全军军事信息通信人才实战化训练需求有较大差距。因此，必须着眼实战化要求，加强对全军信息领域训练条件资源的科学统筹，以"军事信息通信人才综合训练中心"为统领，有效聚合公共基础服务、要素平台支撑、综合集成运用"三大体系"，系统融合全军信息领域院校、训练基地和部队训练资源，构成院校和训练基地一体化训练条件，形成院校、训练基地和部队互为支撑、相互依托、优势互补的作战训练环境，为开展军事信息通信人才培养创造有利条件。

　　积极推进和创新联教联训，最大限度地共享院校、训练基地与部队的训练条件资源。联教联训模式是将院校的人才优势、部队的训练资源和训练基地的场地设施综合集成，实现课堂向战场延伸、训练场向演习场拓展的一种创新性组训模式。当前，从军委机关、院校到部队都高度重视联教联训，并充分肯定该模式在军事信息通信人才培养过程中的地位作用，但在实际组织实施过程中还存在思想认识不到位、组训模式不清晰、运行机制不健全等问题，一定程度上制约了部队院校训练资源的深度共享，以及联教联训模式的作用发挥。因此，必须从影响院校部队联教联训深入推进的矛盾问题入手，以健全院校部队联教联训常态化运行保障机制为重点，加快推进信息领域联教联训基地和配套基础设施建设，完善战场要素、拓展训练功能，有效整合教育训练资源，为院校信息领域指挥管理人才野外驻训、综合演练提供实战化联教联训环境，为部队提供基地化训练环境。

（二）突出"实装"，着力创设贴近实战的训练环境

军事信息通信人才培养过程中，一项极为重要的内容就是培养信息通信专业人才运用指挥信息系统指挥打仗的能力。坚持新装备优先配备院校的原则，信息通信专业院校根据教学训练需要及时向上级机关申领所需新型装备，确保院校装备总体水平与部队相关岗位设备水平同步发展，并在某方面适度超前，使部队岗位所需的技能都能在院校实验室得到培训。在实装难以满足的情况下，坚持紧贴实装、战训一致，统一建设面向全军共享共用的新型指挥信息系统模拟训练环境，将信息化条件下的联合作战环境逼真地模拟出来，把敌我双方体系对抗行动的难局、危局、险局逼真地设置出来，为成体系、成系统地开展指挥信息系统模拟训练提供环境支撑，满足军事信息通信人才教育训练迫切的客观要求。

一是积极推进指挥信息系统模拟训练器材与训练系统建设。模拟训练系统与训练器材建设，必须充分考虑面向首长机关开展

指挥信息系统建设管理、组织筹划、运行管理与保障、集成训练组织、指挥技能、网络空间防御作战指挥等模拟训练的需求，并兼顾通信指挥、业务管理和值勤维护保障等训练需求，形成既能有效支持联合作战通信、侦察预警、指挥控制、精确打击、综合保障、网络空间防御作战指挥模拟训练，又能有效支持军委、战区、军兵种、作战部队首长机关全系统、全要素战役演习演练，军兵种首长机关和部队指挥信息系统作战运用专题集训，信息通信业务部门、信息通信部队（机关）成建制的综合演习演练，以及各级指挥、参谋人员新型指挥手段运用集训等各类培训需求的模拟训练系统与训练器材。

二是积极推进指挥信息系统仿真模型资源库与数据资源建设。模拟训练系统的核心与关键是模型，仿真模型的逼真度决定了模拟训练效果的可信度。因此，在模拟训练环境建设过程中，必须重点关注指挥信息系统建设管理模型、指挥信息系统组织筹划模型、指挥信息系统运行管理与保障模型、网络空间防御作战模型、兵力编组与部署模型、网系组织运用模型、业务管理训练模型、训练效能评估模型等各类指挥信息系统训练仿真模型的构建、验证和模型库管理等工作。同时为解决"有软件无数据"这一难题，必须在训练系统建设过程中同步展开模拟数据、结构化、形式化想定等数据资源的建设，确保模拟训练系统建成后能够基于仿真模型库和数据资源库驱动开展仿真训练。

三是着力加强模拟信息化战场环境建设。模拟训练环境与实战环境的贴近程度，从根本上决定了基于模拟训练系统开展训练的质量与效果。因此，模拟训练环境建设过程中，还必须加强复杂电磁环境、敌方电子干扰、侦察探测等电磁威胁环境、网络攻防环境、核生化环境、模拟蓝军对抗环境等模拟实战环境的建设，使军事信息通信人才能够在模拟训练过程中，"身临其境"地感受战场环境对作战指挥的影响，并根据这种影响做出相应的指挥决策和临机处置，从而切实提高军事信息通信人才培养的质量效益。

（三）突出"实通"，积极拓展远程异地的网络化训练手段

按照战时力量编成、指挥关系、指挥流程建立搭建信息网络环境，把功能定位不同的各实验室和训练场地连通，构建等效战场环境、模拟任职岗位的模拟训练环境，为信息通信院校学员开展联合训练、体系对抗演练提供基本环境。特别是信息领域理论、技术与装备发展变化极快，要求军事信息通信人才必须密切跟踪信息领域发展前沿，及时更新知识结构，切实提高能力素养。为此，必须加强远程异地的网络化训练手段建设，为军事信息通信人才全员全时全域培养提供网络化教育训练平台。

一是积极推进全军范围分布共享的联合训练专用网络环境建设。借鉴美军联合训练实验网络（JTFN）的建设经验，结合全军栅格化信息网络建设，将院校和训练基地园区网与模拟训练专用网络建设纳入全军光缆网建设计划，通过扩容改造、内集外联、系统集成等方法，将全军各级各类条块分割、分散独立、自成体系的训练通信网系进行有机整合，将分布在异地的各类训练基地、训练器材、训练系统有机连接起来，形成广域互连、宽带接入、分布共享、部队院校互通的全军联合训练专用网络环境，为网络化训练奠定坚实基础。

二是加速推进以 MOOC 为代表的网络化训练平台建设。MOOC（Massive Open Online Courses），即大型开放式网络课程，

是近年来开放教育领域出现的一种新课程模式，具有开放性、大规模、自组织和社会性等特点。MOOC 作为 IT 技术与现代教育理念深度结合的产物，其独有的优势和特色已经在全球引发高度关注，将给未来的教育发展带来重要而深远的影响。MOOC 既不等同于传统的远程教育，也不完全等同于教学视频网络共享，更不等同于基于网络的学习软件或在线应用。在 MOOC 模式下，课程、课堂教学、学员学习进程、学员的学习体验、师生互动过程等被完整、系统地在线实现。着眼军事信息通信人才的培养需求，必须抢抓 MOOC 这一千载难逢的发展机遇，在借鉴和利用国内外 MOOC 技术成果的基础上，依托全军联合网络训练环境，尽快启动信息领域军队职业素质教育 MOOC 平台及其开发工具建设，建立支撑全军信息领域军事职业素质教育的数据中心，尽快建成可面向全军军事信息通信人才提供全员全时全域教学服务的 MOOC 平台。该平台既可成为军事信息通信人才在职学习的基础平台，也可成为军事信息通信人才预备课程学习的远程教学平台，还可成为全军各类人才学习了解信息领域新技术、新装备、新理论、新知识的通用平台。

三是加快网络化训练信息资源建设。基于网络的远程异地训练能否在全军广泛推广并持续性发挥训练效益，关键在于训练信息资源。因此，推进军事信息通信人才网络化训练，必须在推进网络训练环境建设和 MOOC 平台建设的同时，大力推进信息领域网络化训练信息资源建设。要根据不同类型军事信息通信人才的综合素质培养需求，建立分层次、分类型的知识体系，整体筹划 MOOC 课程建设规划，自主开发一批具有我军信息领域特点、适应军事信息通信人才培训需求的高水平职业素质教育课程，并以课程为纽带，建立信息领域院校与部队课程联盟，推进军队院校优质职业素质教学资源与部队的共享，提升军事信息通信人才培养质量效益。

五、军事信息通信人才培养课堂教学注重"活"

新时代军事信息通信人才成长过程中，受到良好的基础教育，思维活跃、独立分析与解决问题较强。在校学习期间，知识与能力的互转，必须依靠学员的积极思考和实践活动共同作用才能完成，而目前的课堂教学，学员被强制要求坐下来听讲，参与课堂教学活动的权力小。应借鉴《今日说法》《实话实说》《百家讲坛》《时事辩论会》等荧屏上风格独特、方式灵活、内容丰富、说理透彻的电视节目的经验，改进课堂教学，提高课堂教学效果。

（一）开展《今日说法》式教学，开辟理论教学的新天地

中央电视台《今日说法》栏目，以案说法、大众参与、专家评说的节目样式，起到了全民普法、监督执法、推动立法，为百姓办实事的重要作用，赢得了全国观众的认可，长期保持收视率排行榜前列。军事信息通信人才培养过程中，理论课程教学应该借鉴该节目的成功经验，引入典型案例和专家点评，提高理论课程教学效果。

1. 真实案例牵动学员的思维

借鉴以案说法的方法，以真实的案例作为课堂教学开场序幕，引起学员的兴趣，并使学员随着案例情节的发展，对案件所涉及的人员进行客观评价，这种方式对于具有一定部队工作经历的培训对象非常有效。古今国内外军队建设、作战与训练相关的

案例很多，甚至每时每刻都在发生，这些活生生的案例（事件）就是一个个生动的教材，只是缺乏系统的整理与收集。可通过一番努力，在全面收集的基础上，进行系统的整理，将其分为"建设类""训练类""作战类""管理类"等不同的类型，并编写与之配套的教材、讲义，形成较为完整的案例教学素材库。在课堂教学实践中，以真实案例为背景，使学员能够充分感受岗位任职面临的实际问题，进入特定的角色，自主地分析案例并拿出解决问题的方案，以此来改变目前理论教学与部队实践不相适应的现状。

2. 专家点评促进理论知识的转化

每期《今日说法》节目都特邀知名高校法学教授、国家执法部门的警（法）官或专业律师作为嘉宾，从法律角度对案件做出详细的点评，不仅使观众知道案件的结果，而且使其明白了案件处理的过程和执法依据，增强了广大观众知法、守法和使用法律武器维护个人利益的意识和能力，这种方式很值得在课堂教学中借鉴。每个教员从助教、讲师、副教授、教授乃至更高的职称，都是一个漫长的成长进步过程，受个人阅历和知识所限，要求所的教员都具有专家教授的水平是不现实的。但是，从学员的角度来讲，他们殷切期望能听（看）到权威人士对相关知识点的评述。可以借鉴《今日说法》节目的做法，针对课堂理论教学中的热点、疑点和难点问题，邀请军内外专家教授进行点评，促进课堂所讲理论知识向能力素质的转化。

（二）开展《时事辩论会》式教学，让思想火花在课堂上迸溅

俗话说："真理越辩越明，事实越论越清。"凤凰卫视资讯台曾经开办过的《时事辩论会》节目，每次设定一个时事热点话

题，特意从国内、我国香港或海外邀请"名嘴"参与热烈的争辩，还采用网络、手机吸引观众参与，通过辩论的方式让观众从不同视角了解时事新闻，取得了良好的收视率。在课堂教学中，也可以采取这种集体大辩论的方式，结合信息化作战的热点话题来上一场火花四溅的争论，对于打破目前单一形式的课堂教学方式和扩大学员视野很有帮助。

1. 撞击才能出现思想

著名的剑桥大学产生过许多改变世界的思想，有60多项诺贝尔奖的骄人纪录。在剑桥生活了20多年的布罗厄斯认为，这些伟大的创新与剑河边悠闲自在、天马行空的下午茶闲聊分不开。牛顿、达尔文、培根、罗素，这些巨擘也曾是剑桥的平凡学子，也许正是交流与碰撞点燃了他们思想的火花。我军院校承担着培养全军各级各类指挥人才的重任，对学员的创新思维、能力与素质的产生具有直接决定作用。常言道："知识可以传授，智慧不可言传。"在课堂辩论中，学员之间、学员与教员之间围绕焦点问题引经据典，踊跃发言，激烈辩论，不但可以结合焦点对军队建设、作战、训练等问题发表个人新观点、新见解，而且可以使大家思想互相碰撞、共鸣，形成互动的教学局面，有助于激发学员的灵感，引导学员学会思考，催生新思想的出笼。

2. 激辩才能挖掘潜能

目前，我军院校所采用的"我教你学"方式，在一定程度上受"经验型"教员的影响，学员缺乏应有的预测力、研究力和创造力，业务水平和指挥艺术与信息化智能化战争作战需求很不相适应。课堂大辩论则可调动学员积极性，与会者为驳倒对方，必须收集大量的资料，查阅大量的文献，充分发挥自己的潜能，应对来自反方的挑战。通过辩论，正反双方都会发现对方反击之处，正是己方的疏漏之点，这样通过反反复复的辩论，不仅可以发挥学员的潜能，更重要的是，提高学员今后从事部队工作的缜密度。

3. 过程远远重于结果

《时事辩论会》节目在经过 24 分钟激烈的辩论之后，并没有直接告诉观众谁是谁非，而是留下一个悬念让观众自己去思考。由此想到我们传统的教学方式中，无论什么课程都不加区分地非常注重答案的正确与否。例如，"一体化联合作战通信组织"课程中，有关通信作战运用的模式很多，课堂上讲述很难一一穷尽。在国外，院校课堂教育提倡学员积极参与，教学不重视是否有正确答案，而重视结论的思考过程。因此，开展课堂辩论式教学，不需要给出完整的答案，有些问题让学员带到部队去与一线官兵共同讨论，让学员在部队实践中寻找答案。

（三）开展《实话实说》式教学，引导学员在互动中学习

《实话实说》是中央电视台 1996 年推出的一档别具特色的谈话类节目，以群体现场交谈的方式，主持人、嘉宾、观众共同讨论社会或人生的某一话题。该节目虽然已于 2009 年停播，但它掀起了一股电视节目平民化的浪潮，成功带动了谈话类节目在我国的兴起，被评为央视推出的最成功谈话类节目之一。这种变讲堂为学堂、便于嘉宾和观众畅所欲言的访谈模式也给我们院校课堂教学提供了有益参考。

1. 精选切入点才能调动学员积极性

与《实话实说》节目选择话题一样，精心设计授课内容，选

准切入点，是开展课堂教学的重要前提。军事信息通信人才是面向一线岗位的专业人才，其课堂教学内容必然贴近部队岗位任职需求，和学员在岗位任职的训练、管理等实际工作有关。因此，结合不同类别学员的岗位特点，精心选择与任职岗位密切相关的重难点问题、突出矛盾、热点现象作为教学内容的切入点，在认真准备的基础上开展谈话节目式的教学，既有利于深化课程教学的内容，又有利于调动学员参与教学互动的积极性。

2. 提前培训"嘉宾"才能推动教学互动顺利开展

授课之前应从受训对象当中挑选部队任职时间长、实践经验丰富、具有典型代表意义的学员，组成"嘉宾"组与教员一起备课，剩余的绝大多数学员成为现场"观众"。教员应在深入了解这些"嘉宾"学员的基础上，为其提供深入细致的指导，使他们结合工作经历对课题研究内容有深入思考和专项研究，他们的研究结论符合课堂教学实施过程和目的要求。只有培训好了这些"小助手""小教师"，对授课中可能出现的问题，以及如何解决都有较为清晰的眉目，在课堂讨论时他们才能推波助澜，才可以把问题的讨论引向纵深而不是流于形式。

3. 把讲堂变为学堂才能取得良好效果

军事信息通信人才培养中，教员在课堂授课过程中不能当照本宣科的播音员，而是要充当桥梁和媒介的角色，在组织教学互动的过程中激发"嘉宾"与普通学员的灵感，在互动中把信息传递给学员。教员应学习《实话实说》的主持人，课程开始时以简单的开场白介绍课题内容和嘉宾情况，进入主题后应以最简练的语言穿插，提出关键性的提示问题，引导嘉宾、学员参与教学互动，最终，以简单的语言归纳讨论情况，并允许非嘉宾学员自由发言和提问。这样以来，使教员主持的讲堂变为全体师生共同参与互动的学堂，能够有效地调动和发挥学员的主动性和创造性，提高课程教学效果。

（四）开展《百家讲坛》式教学，成功激发学员的学习兴趣

中央电视台科教频道的《百家讲坛》，作为一档纯学术性节目，由于名家主讲的巨大号召力、悬念营造的吸引力、节目顺势编排的冲击力，吸引了观众的浓厚兴趣。在军事信息通信人才培养过程中，课堂教学如何调动学员的学习兴趣，可以借鉴《百家讲坛》节目的一些成功经验。

1. 专家教授应该走进课堂站上讲台

一般情况下，大部分学员都具有追星的心理因素，希望能听到知名的专家教授授课，特别是军队院校学员，更希望能够得到本专业领域知名专家的当面指教。清华大学原校长梅贻琦先生说："所谓大学者，非谓有大楼之谓也，有大师之谓也。"可以说，教授、名师是一所院校最可宝贵的资源，他们丰富的教学经验、渊博的知识素养、严谨的治学态度都会对学生的一生产生重大而深远的影响，因此，必须发挥教授、副教授在一线教学中的重要作用。军队院校的专家、教授一般都承担着繁重的科研任务和研究生指导任务，导致教学和科研之间的精力、时间分配存在矛盾。应采取多种措施，激励教授、副教授走上一线课堂，将本专业的前沿成果转化为课程教学内容。

2. 精心设计每一堂课才能长期吸引学员

爱因斯坦说，"兴趣是最好的老师"。在课堂教学中，学员有了兴趣，就可以形成一种获取知识的强烈欲望，在这种欲望驱使下，能够轻松地克服学习中遇到的困难，自然地由被动接受知识变成主动学习，甚至把艰苦的学习看成快乐的享受。教员若要让

学员对课程教学内容始终保持一种极佳的兴趣，自身必须对每一堂课倾注最大的热情，发挥自己的创造性思维，精心设计每一堂课，从课题导入到整堂课的语言组织、问题设计、情景布置、板书设计等，全力围绕如何激发学员学习的兴趣，培养学员的创新习惯思维而构建，合理采用设置悬念、质疑等方法，预先设定生动形象的语言和恰当和肢体动作，独到的构思一旦综合运用起来，学员就会感到耳目一新，产生强烈的学习意愿。试想，每一堂课都有诙谐幽默的语言、具有视觉美感的多媒体、引人入胜的情节悬念，学员怎会不感兴趣呢？

3. 合理创设教学情境才能增强教学效果

《百家讲坛》之所以能够成功地吸引观众，除了专家渊博的学识、精湛的讲解，采取各种技术手段创设身临其境的教学情景也是激发学员兴趣的一种有效方式。于丹教授在讲解《庄子》时，使用动画软件制作的一系列庄子寓言故事动漫，一下就抓住了观众的心，引起了观众的兴趣。因此，在课堂上，合理地使用音频、视频、动画等多媒体辅助教学手段，从学员的感受出发，从学员的经验出发，既可以充分发挥学员的想象力、思维力，还可以培养学员的创新能力。

（五）开展《新闻会客厅》式教学，告别三尺讲台的"独角戏"

《新闻会客厅》等新闻评论类的电视节目，采用2~3人同台共议的方式，围绕相同的话题，对相关事件、问题进行讨论。同台共议的人员个性和知识水平各有所长，有的机敏幽默，耐人寻味；有的引经据典，说理透彻；有的高屋建瓴，经常将一些问题上升到理论高度。听其风格各异的说词和论据，不仅是一种享受，而且知识面也可得以拓展和升华。这种方式完全可为军事信息通信人才培养课堂教学所借鉴。

1. 三尺讲台并非一人独属

在传统的教学方式中，均为 1 名教员独立承担 1 门（堂）课程，为了解教员授课质量的好坏，常采用领导跟班而不作业的方式听课，多在课后对任课教员的授课方式、方法和手段提出意见或建议，跟班听课者的主题思想并未直接传达给学员。任课教员在备课期间，受知识结构和参考资料的限制，不可能收集到较为全面的素材。孔子曰："三人行，必有我师焉。"每个人的经历不同，见识不同，授课风格也不一样，如果有两人以上同台共讲，则可以使教学素材或知识点扩大近 1 倍甚至数倍，因为多人讲课肯定比一个人讲课信息量大，而且多人讲肯定比一个人讲更能控制课堂气氛，平衡课堂节奏。因此，部分课程可以借鉴这种教学方式，以多样化教学方式，满足多样化教学需求，改变传统教学三尺讲台唱独角戏的局面。

2. 同室之内间或多种声音

刘伯承元帅在南京军事学院任校长期间，与教员讨论教学方式问题时曾经说过："人的耳朵远不如眼睛有耐力。"实验证明，如果一个人的耳朵一直听一种声音（音调不变），15 分钟过后，不经提醒他就会忘记该声音的存在。说评书和唱独戏的艺人为吸引听（观）众，常采用"高低快慢、轻重缓急、抑扬顿挫、喜怒哀乐"等不同的音调变换表演方式提高表演效果。教员不是专业演员，如果要求所有教员都采用上述方式来引起学员的兴趣，显然不切合实际。因此，我们可借鉴的电视节目模式，将授课方式不同、口气不同、音调（男女）不同的教员实行最佳结合，让他们同台授课；学员的眼光和听觉可以在不同的角色之间切换，使其注意力相对集中，达到教学目的。

3. 走出非台上不能授课的误区

没有讲台同样是课堂，而且更具人性化，这种新颖的课堂形式在 MBA、MPA 等课堂中已经得到广泛应用。大家总认为不设讲台的课堂教学模式是欧美创新的，其实不然，是欧美向我们中国学的。春秋战国时，当时的学校老师与学生盘坐在一起，你说我说、你争我辩中，肯定没有走神的。因为没有讲台，讲的和听的地位平等，讲的也可以听，听者也可以讲，肯定要比只能听不能讲感到心情愉悦。另外，没有讲台，便没有仰视与俯视，听者没有心理压力，随时可以发言或置疑。大家围绕圆桌而座，互谈观点，畅所欲言，彼此之间的知识在无形中得到积累。

第七章　新工科视域下军事信息通信人才培养制度机制

随着深化国防和军队改革的推进与新时代强军战略的实施，给包括军事信息通信人才培养在内的人才队伍建设提出了新要求，带来了新挑战。必须坚持实事求是、直面问题、尊重规律，破除束缚军事信息通信人才培养的体制机制障碍，才能解放和增强生长军官培养的活力和动力。当前，要从借鉴国家新工科建设的经验入手，重点完善军事信息通信人才培养的制度机制。

一、建立全过程全方位育人机制

贯彻落实新时代军事教育方针提出的立德树人的要求，推动"三全育人"，要求军事信息通信人才培养落地生效必须着眼弘扬通信兵红色基因和培育通信兵职业意识，聚焦"坚定忠诚于党的理想信念、提高恪尽职守的职业素养、培育坚不可摧的战斗精神、练就精益求精的业务技能"为目标，按照全程贯穿、全时渗透的思路，加强和改进思想政治教育工作，切实培养德才兼备、以德为先的高素质新型军事人才。

（一）充分发挥课堂教学主渠道作用

课堂教学是生长军官思想政治教育的主渠道。在校学习期间，必须依托课程教学，注重实施政治引导、思想熏陶、知识素养、人文精神以及方法论陶冶，提升军事信息通信人才的思想认识。一方面要强化思想政治理论课程的核心地位。严格落实军委机关明确的思想政治课程的规定动作和统一要求，将新时代党的创新理论讲实讲活讲透，紧贴生长军官学员的实际，创新运用课程教学方法，增强思想性、理论性和亲和力、针对性，使学员更加容易接受。另一方面要推进专业课程的课程思政创新。深入挖掘通信兵精神文化、红色基因中蕴含的课程思政元素，梳理赤胆忠诚的传令兵意识、热爱岗位的职能使命意识、遵规守纪的职业道德、勇敢顽强的战斗精神、团结协作的兵种文化、甘当无名英雄的献身精神等内容，充实到军事信息通信类专业课程之中，激励学员更好地履行新的职能任务。

（二）积极拓展实践活动教育功能

按照知行合一的理念，在巩固传统课堂教育方式效果的基础上，依托课外实践项目和第二课堂活动等隐性教育资源，提升思想政治教育效果。首先，要依托实践教学项目开展思想教育。例如，通过通信装备运用课程的课内实践项目培养战斗精神、机务作风和团队协作意识；通过《勤务与战术》《综合演练》等集中实践项目训练提高学员战术素养和指挥作战能力，锤炼过硬战斗意志品质，不断提高学员军政素质和雷厉风行的作风。其次，要通过第二课堂活动，让学员走上讲台，引导学员进行自我教育和积极参与教育过程，变被动适应为主动参与，采取"正面教育激励，强化学员自我教育意识"的教育方式，运用自立规矩、自作主人、自评表现、自荐老师等教育方法，增强教育的针对性和有效性。

（三）有效释放"三红"校园文化教育功能

根据青年学员这一年龄阶段的性格特点，通过构建"红军传人""红色电波""红炉砺剑"校园文化正面教育引导生长军官端正人生观、价值观,树立正确成长目标,增强备战保通的"责任心"。一是利用校园文化活动引导。采用影视演出、演讲比赛、歌咏比赛等适合青年人特点的教育手段,加强对学员的理想信念教育,自觉把个人的成长进步与军事通信事业的发展统一起来,树立崇高的使命感和责任感。二是加强网络新媒体的应用。针对生长军官是网络时代"原住民"的特点,发挥互联网对他们价值观的塑造作用,运用在网上开设思想道德教育专栏,加强微博、微信公众号等新媒体的运用,广泛宣传通信兵精神、通信兵职业道德等思想道德意识方面的信息,深扎青年人才绝对忠诚、绝对纯洁、绝对可靠的思想根子。三是运用先进模范示范。广泛宣传通信兵战斗英雄、值勤标兵等先进模范,激发学员的争先创优意识、热爱通信事业的热情和献身军事通信事业的决心,把通信兵优良传统传承下去。

二、健全院校部队一体化协作机制

军事信息通信人才培养必须贯彻落实新时代军事教育方针和习近平主席关于军事教育的重要论述精神,坚持围绕人才岗位需求和战斗力生成内在的规律开展联教联训,推进人才培养质量和效益。

(一)开展军地院校联合育人

目前,涉及军事信息通信人才培养的军队院校和地方高校比较多,各个院校都有自己的特色优势,应当充分发挥各院校的优长,共同培养高素质军事信息通信人才。一是要成立军地联合育人协调机制。军委训练管理部应当委托一所院校牵头建立军地通信院校协作机构，借鉴军队院校地区协作中心建设经验，统领信息通信领域军地院校联合育人工作，统管军事信息通信领域教育资源，统构军事信息通信领域学科设置，统调军事信息通信院校教育资源共享共用。二是要明晰联合育人任务界面。我军信息通信领域内各院校本专业培训任务虽然十分清晰，但在联合培养一专多能人才任务界面方向却显得有些模糊，如需联合培养也多为临时指定，一个文件仅对应一次培训，任务过后仍划"疆"自治，有的院校甚至没有承担联合培训任务。为此，要根据信息通信技术发展和作战指挥需要，对军事信息通信人才培养任务进行重新切分，在一定时期内，将军事信息通信人才培养任务固化下来，形成常态化的联合培养机制。三是要明确军事信息通信人才联合培养路径。根据军队信息通信专业工作岗位需要，制定军事信息通信人才培养目录，区分公共目录和专业目录，明确除本专业以外应学习掌握的相关知识与技能，并规定学员奔赴学习的院校和应学习的科目及内容。

（二）推动院校部队结合共育

建立信息通信院校与信息通信部队之间的"结合共育"对应关系，邀请部队指挥员参与人才培养方案拟制和学员毕业考核、综合演练导调等事项，在典型信息通信部队设立教学实践基地，完善部队认知实习、任职岗位见习方案，提高部队实践活动的质量效果。一是院校部队有机对接。院校要与部队建立"结合共育"关系，完善常态运行的联训合作机制，形成院校教学紧贴部队作战和训练需求，部队全力支持院校教学，院校和部队共同参与军事信息通信人才培养的良性互动局面。二是拓宽联合培养领域。围绕军事斗争准备对人才培养的新要求，信息通信领域院校在完成生长军官学历教育、军官晋升教育任务的基础上，还要采取与作战部队联合举办干部轮训、专题培训的方式，为部队培养急需的信息通信指挥和管理人才，也可根据部队训练需要，组织教员到部队开展接装培训、专题授课等，提高部队的训练质量和效果。三是坚持全程联合培养。从人才培训需求论证、人才培养方案修订、理论教学、实践教学以及结业考评等环节，尽可能采取院校部队联合组织实施，多倾听部队的意见和建议，实现人才培养全过程联合，强化联合作战信息通信人才岗位实践能力培养。

（三）构建"三位一体"培养体系

党的十八届三中全会提出的"三位一体"的新型军事人才培养体系，是对军事人才培养体系建设的一次重大理论创新和实践推动。信息技术发展更新更快，军事信息通信人才培养不仅要"解一时之渴"，更应注重"终身充电"。完成院校教育后，部队训练实践和军事职业教育为知识更新开辟了新的途径。一是在人才培养理念上强化"三位一体"意识。"三位一体"人才培养体系将部队训练实践纳入人才培养体系，将军事职业教育从院校教育中剥离出来，从任务要求上解构了长期以来院校教育与人才培养的二元结构，使院校教育、部队训练实践、军事职业教育三方更能发挥自身的职能。"三位一体"人才培养体系更加强调"全军办教育、联合育人才"的教育观念和"终身教育、个性化学习"的成才观念，院校教育、部队训练和职业教育应围绕人才成长进步和素质能力生成这一共同目标，在组训层面联合基础上，全面推进三者在职能层面的联合。二是在人才培养职能上体现"三位一体"作用。随着"三位一体"人才培养体系建设的逐步推进和完善，必将改变教育者、教育对象、教育内容、教育方式、教育条件和教育目的等传统教育要素之间的固有关系，从教育主体看，由院校拓展为军队院校、全军部队、科研院所；从教育对象看，每一所院校都将面向全军各级各类官兵承担教育任务或教育资源保障；从教育内容和方式上，更加强调菜单式可选、模块式抽组、推送式服务。三是在人才培养渠道上发挥"三位一体"优长。在"三位一体"培养体系中，院校教育、部队训练实践、军事职业教育虽相互区分，但三者又相互融合，发挥各自优势，各有侧重地做自己该做、能做的事。院校教育主要是人与知识、思想的碰撞，应重点强化学员理论素养、创新意识、思维能力的提升，为人才成长和长远发展奠定基础。部队训练主要是人与武器装备的结合、与岗位的融合，军事训练和重大军事行动、重大演习以及日常战备等实践活动，成为知识向能力转化的"孵化器"和"磨刀石"，使各类人才任职能力和综合素质在部队实践中得到检验、得到升华。职业教育主要是岗位需求外因与人才成长内因的对接，部队现职人员结合部队建设发展需要和个人知识能力的不足，按照"缺什么补什么、发展什么专攻什么"的思路，通过自学、函授和网络大学进修等方式，获得必要的知识技能和学位认证，增强自身岗位任职能力和发展潜力。四是在人才培养模式上体现"三位一体"融合。推行"三位一体"人才培养体系，对军事信息通信院校来讲既是机遇也是挑战，必须站在新的历史起点上，高瞻远瞩，按照"综合化、一体化、网络化"的思路，推动院校职能向部队训练延伸、向职业教育拓展。在综合化上，借鉴外军院校建设的先进经验，积极探索集教育教学、科学研究、基地训练等功能于一体的综合体办学模式，增强综合办学职能。在一体化上，着眼提高军事信息通信院校整体办学效益，强力推进通信、预警、电抗、测绘等院校之间的协作及部队训练的对接，不断推动协作方式由当前"基于活动外围观摩、基于需求单向邀请、基于会议临时研讨"的简单粗放联合，向"基于制度全面规范、基于任务双向互助、基于资源长效协作"的深度联合方向发展。在网络化上，把数字化建设、网络化运用、远程化推送作为重点发展方向，进一步整合升级军事信息通信教育训练网络，研发可视可管、可移植可考评的教学信息资源管理系统，统构集院校教育、部队训练、职业教育于一体的教育云平台，启动"信息网络大学"工程，加强教研人员数字资源研发、在线咨询服务、远程互动教学的素质能力培养，不断提高院校教育资源在部队训练中的推广效益和职业教育中的主导支撑作用。

三、创新院校教学管理制度规范

进入强国兴军的新时代，要着眼构建中国式军事高等教育现代化体系的总体目标，聚焦"建一流专业、育一流人才"的核心要求，把握立德树人、为战育人的鲜明特质，推进信息通信院校教学管理制度创新，为军事信息通信人才培养质量提升提供制度保证。

（一）构建为战向战的学科专业体系

适应战争形态和作战方式演变，着眼支撑军队机械化信息化智能化融合发展，遵循学科专业建设内在规律，突出姓军为战特色，创建新时代军事学学科专业体系。一是转变学科专业设置思维。借鉴国家新工科、新文科建设理念，突破按照学科知识体系设置的普通高等教育专业结构框架，紧贴部队需求、作战需求、岗位需求，对接核心能力相近的岗位群或业务群，加快军事类特色本科专业研究论证，并将其纳入国家学科专业目录，增强人才培养专业化精准度。同时，对军地通用性较强的技术保障岗位对应专业，也要对国家普通高等教育专业进行军事化改造，提升岗位指向性。二是完善学科专业动态调整机制。在学科专业设置和调整方面赋予军队院校更多自主权，各院校可按照一级学科（专业大类）招生，根据职能定位、服务面向和部队需求动态变化情况，按需开（增）设二级学科（专业），为开展"订单式"培养部队作战急需人才提供支撑条件，促进人才培养方向与未来战场需求精准对接。三是建立独立的评估认证制度。借鉴理工类学科专业评估机制，创新军事学学科专业评估认证标准，参照国家学科评估和工程专业认证的办法，定期对军队院校的军事特色学科专业开展独立评估和认证，强化支撑服务部队备战打仗贡献度的评估要求，切实改变军事学学科专业与其他学科专业评估认证同质化倾向，并将评估认证结论与国家同类一流学科专业评估认证结果同等对待，提升军事学学科专业评估认证结果的权威性。

（二）锻造知战晓战的教学科研队伍

教员队伍是军队院校为战育人的重要资源，必须通过政策制度措施为教员知战晓战、提升教战研战能力提供支撑保障。一方面，要研究制定院校部队人才双向交流的刚性规定和保障机制，鼓励部队指挥员到院校担任教官或兼职教员。加大军队院校教员参加部队演习演训力度和规模，最大程度丰富院校教员经历阅历，尽量保持教员实践任职经验的"新鲜度"。另一方面，要建立健全倡导教员教战研战、服务部队的考核评价制度，改变以往教员职称评审、晋职晋级主要与教学科研成果获奖等级挂钩的做法，建立以服务部队、服务作战的贡献度为导向的评价标准，鼓励教员安心研究作战问题、培育打仗人才。

（三）健全学员学习动力激励机制

着眼与国家普通高等教育政策制度衔接，贯彻新颁发的《军队院校教育条例》等法规，细化学员考核管理、学籍管理等实施细则，完善学习动力激励机制。一是要严格组织实施考核评价。以提升课程教学质量和人才培养质量为目标，以形成性考核和终结性考核为主体，科学全面评价学员综合素质，强化知识应用能力和实践创新能力考核，引导学员以知识学习为主向知识、能力、素质并重转变。杜绝迁就照顾，让考核成绩反映出真实水平，从而打破学员的侥幸心理。二是实施全程淘汰制度。开展生长军官学员综合素质评定，按照学员考核成绩和综合素质排名，实施学年淘汰和全期淘汰。对学习不刻苦且成绩较差者限期赶队，对于限期赶队和"黄牌"警告后也赶不上队的降低培养层次，直至淘汰，增强学员的责任感和危机感。三是激励争先创优。进一步健全评教评学、评选优秀学员和优等生等制度；设立学员奖励基金，对优秀学员、优等生、比武竞赛获得名次者，发给相应的奖金或奖品；在毕业分配中坚持优生优用，依靠利益驱动学习热情。

（四）健全生长军官参加科研和学科竞赛的机制

科学设计生长军官综合素质培养计划，给每名学员配备全程导师，提前规划在校期间参与全国大学生数学建模竞赛、电子技术设计学科竞赛等活动；院校各课题团队和实验室向生长军官开放，为学员申报和参与科研项目畅通渠道。此外，要转变传统连队式管理方式，尽量给学员多留些能自主支配的时间，可以根据自己的兴趣爱好选择选修课、自由支配实操实训的时间和内容、参加学科竞赛牵引的第二课堂等，丰富学员的校园生活，潜移默化中开拓他们的专业视野、培养专业技能，为学员提供走出去的机会。

（五）探索"自费"与"公费"结合有偿教育

我军现行的"公费送学"机制存在弊端，每年军委机关下达调学计划后，各级落实计划实行一线平推，部队在没有培训需求之时被动派学，基层在难以选拔培训对象之时被动送学，个人在没有求学愿望之时被动入学，学员学习无动力，学习不好无压力，国家耗费巨额资金无人心疼。扭转这一局面必须改革当前"大锅饭"式培训机制，借鉴外军自费上学的做法，在完成"公费"学历教育基础上推行个人出资的有偿教育，完善"自己主动求学、部队同意送学、院校愿意收学"的调学机制。一是自己主动出资求学。现役军官、战士，欲谋求职务升迁，根据政策规定的培训经历和岗位能力素质需求，有急切的求学愿望者，可向所在单位政治工作机关提交书面申请，并填写相应的表格交上级备案。二是单位愿意选拔送学。个人提出申请后，所在单位应对申请人的思想政治、道德品质、能力素质进行综合审查，最终确定申请人是否具备培养价值，符合条件者可参与年度送学排（序）队，当年审查不符合条件的个人，可在第二年继续向组织提出入学申请。三是院校愿意遴选收学。对于有求学愿望且单位政审批准送学的人员，院校将对其进行严格的复试，对于不具备培训基础人员不予接收，对符合条件者准予收学，并建立学籍档案，在校期间，学院定期组织考核，对于在校期间考试成绩不及格、不具备培养潜力的学员实行淘汰制。

（六）推行岗位资格认证培训机制

军事信息通信人才专业性强，对岗位任职能力要求高，应借鉴地方信息通信行业人力资源管理的经验，要求各专业岗位人才必须参加相应专业培训，通过相应的岗位资格认证后才能聘用上岗。一是指挥人员岗位资格培训制。指挥人员岗位晋升之前，必须获得相应等级的岗前任职培训。在培训对象上，由原来的"派送"改为个人申请；在培训经费上，由原来的国家划拨改为个人交纳；在军官晋升任用上，由原来的粗放型"囤积"改为精细型"储备"，指挥人员提拔前，必须参加岗前培训，修完规定的所有课程。二是参谋人员等级资格认证制。目前，我军参谋人员没有统一的资格认证，调动使用不规范，上级机关"缺人手"时，直接从下级机关（部队）"借调"参谋，试用合格留下不合格退回，严重影响参谋队伍的整体素质。应按照《参谋人员"三级三类"岗位资格认证表》（表7-1）规定的培训项目，建立不同级别的参谋认证培训体系，从"初"到"高"，每级分为"Ⅰ类、Ⅱ类和Ⅲ类"，以体现参谋能力的强弱，只有获得本级"第Ⅲ类"资格认证者，在考取上一级"第Ⅰ类"资格证书后才能提拔使用。

表7-1　参谋人员"三级三类"岗位资格认证表

级别	任职岗位	类别	基本技能	主要技能				拓展技能				
			参谋业务基础	通信保障	指挥控制	频谱管理	信息防护	侦察情报	预警探测	信息对抗	测绘导航	气象水文
初级	旅（团）级部队机关	Ⅰ	●	●	○		○			○		
		Ⅱ	●	●			○			○		
		Ⅲ	●	●	●	○	○			●		
中级	军级部队机关	Ⅰ	●	●	●	○	○	○		●		
		Ⅱ	●	●	●	●	●	○	○	●		
		Ⅲ	●	●	●	●	●	●	●	○	●	●

级别	任职岗位	类别	基本技能	主要技能				拓展技能				
			参谋业务基础	通信保障	指挥控制	频谱管理	信息防护	侦察情报	预警探测	信息对抗	测绘导航	气象水文
高级	军委、战区军兵种机关	Ⅰ	●	●	●	●	●	●	●	●	○	○
		Ⅱ	●	●	●	●	●	●	●	●	●	○
		Ⅲ	●	●	●	●	●	●	●	●	●	●
说明		1. 本表以信息通信专业参谋人员为例，其他专业可将本专业移到"主要技能"栏目参照执行。2. ●为取得资格的必修课程，○为取得资格的选修课程，选修课程不少于一门										

四、调整完善信息通信人才培养路线图

军事人才的培养是一项系统工程和长期过程，不可能一蹴而就。资料显示，一名优秀联合作战指挥员的成长，大约需要 25 年时间、经历多个工作岗位的锻炼，如美军海军驱逐舰舰长大多需要 10 多个岗位的任职经历，美军指挥军官要经过初、中、高三级院校约 6 次培训，其中至少有一次联合参谋培训和一次联合指挥培训，才有晋升为高级联合指挥员的机会。高素质军事信息通信人才的培养，同样也需要经过不同层次院校培训和不同岗位的任职实践，但到底具体需要哪些院校培养和哪些岗位的锻炼，目前在人才选拔任用过程中还没有一个明确的标准和要求。我们可以利用路线图这一规划计划方法和管理工具，总体设计军事信息通信人才培养起点与预期目标之间的发展方向、发展路径、时间进程等关键事项。搞好总体设计，对于科学选拔、全程培养、规范使用军事信息通信人才，提高人才的培养质量，具有十分重要的现实意义。通常情况下，根据岗位能力

素质的需求不同，信息通信指挥和参谋军官、技术军官和军士有着不同的成长路线图。

（一）指挥管理类人才成长路线图

指挥和参谋人才是在各级指挥机构和参谋机关信息通信业务部门或部（分）队指挥员岗位任职，能够有效地组织信息通信领域有关建设、作战等活动的指挥人才，是军事信息通信人才的主体力量。从军事信息通信指挥和参谋人员的成长过程看，是一个由初级指挥人才到中级指挥人才再到高级指挥人才逐级递进的发展过程，是培训和岗位任职交叉进行、由理论到实践的转化过程，可以构建以逐级晋升培训和多岗位交流任职为核心的成长路线图，具体如图7-1所示。

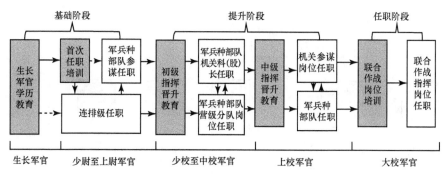

图 7-1　军事信息通信指挥和参谋类人才的成长路线图

由图7-1可以看出，军事信息通信指挥和参谋人才，从生长军官学历教育开始，到成长为优秀的师旅级指挥管理军官，需要经历3个阶段（夯实基础、能力提升和任职实践），至少经过5次教育培训（生长军官学历教育、首次任职教育、初级指挥晋升教育、中级指挥晋升教育、联合作战岗位培训）、3类岗位类型（分队指挥员、部队指挥员和业务机关参谋或领导）、9个岗位等级（排级、连级副职、连级正职、营级副职、营级正职、团级副职、团级正职、师级副职、师级正职)，共需要 22～30 年的时间。有的军官在任职期间还需要完成研究生教育和各种新业务、新技能的岗位培训。

(二) 技术类人才成长路线图

军事信息通信技术类人才是担负信息通信网系业务管理和装备技术维修等工作的专业技术人员，是军事信息通信人才的重要组成部分。这类人才的成长主要以适应专业技术工作岗位任职能力需求为牵引，到军队信息领域院校进行相关专业的岗位培训和专项技术培训，同时还要根据任职年限要求参加相关职称考核与评定，应该构建岗位培训、新业务培训和专业技术岗位实践相协调的成长路线图，具体如图 7-2 所示。

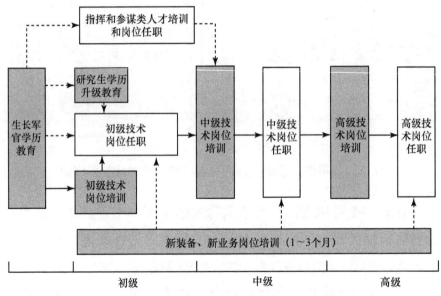

图 7-2　军事信息通信技术类人才的成长路线图

由图 7-2 可以看出，军事信息通信技术类人才成长为高级工程师大体上要经过初级、中级、高级 3 个阶段。通常情况下，学历教育毕业后要经过短期的岗前培训，然后到部队初级技术岗位任职，有的技术人员是经过初级指挥和参谋类工作岗位任职实践和培训后转入技术工作岗位，在从事相关业务工作4~6年后，经中级技术岗位培训合格，可评任中级技术职称并承担相应的中级技术岗位职责；在中级岗位工作6~10年后，经高级技术岗位培训合格，可评任高级技术职称并承担高级技术岗位职责，总共需要24~31年的成长历程。此外，在任职期间，还应根据部队业务工作实际和装备技术发展，适时到院校参加各种短期培训，学习新技术、新业务和新装备的有关知识和技能；大多数高级工程师还经历过相关专业的研究生教育。在军事信息通信技术类人才培养和选拔任用过程中，一定要建立以业务工作能力为主要考核指标的职称评审制度，确保优秀的人才能够得以保留和继续提升专业技术水平，同时也为技术类人才发展树立正确的导向。

（三）军士类人才成长路线图

军事信息通信军士类人才是担负信息通信部（分）队基层行政或技术领导管理和装备操作维护的专业人才，也是军事信息通信人才的重要组成部分。根据我军军士制度，我军军事信息通信军士类人才的培养以义务兵为起点，主要经过初级（下士、中士）、中级（上士、四级军士长）、高级（三级军士长、二级军士长、一级军士长）3个服役等级、7个衔级，应当构建以职业教育和在岗训练为主要方式、职业技能鉴定为抓手的成长路线图，具体如图7-3所示。

从图7-3可以看出，军事信息通信军士类人才的培养主要包括3个发展阶段：初级军士阶段（6年），通过岗前培训和任职实践，完成基础理论的学习和共同科目的训练，掌握装备操作的基本技能；中级军士阶段（8年），重点通过晋级培训和岗位任

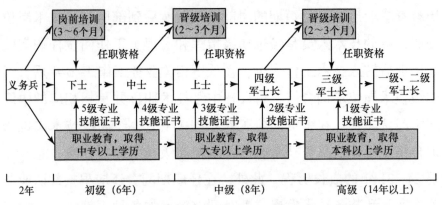

图7-3 军事信息通信军士类人才的成长路线图

职实践完成专业技术知识的学习和相关装备维修、日常保障技能的训练；高级军士阶段（14年以上），通过参加晋级培训和长期工作实践锻炼提高，在进一步提高专业技能的同时，拓展相近专业领域的相关技能，能够胜任多个岗位值勤维护和装备维修任务。

岗位职业教育培训在军士类人才培养中具有重要的支撑保障作用，包括岗前培训、晋级培训和职业教育三类。①岗前培训，主要是根据各类任职岗位的实际需要，组织进行管理带兵知识与技能、基本专业理论与基础，以及专业实操技能与技巧等内容的培训，从几周到数月不等，可以由军队院校组织实施，也可由部队训练机构组织实施；②晋级培训，主要是指各专业军士为适应不断成长与进步的要求，由初级到高级逐级晋升或工作岗位转换的需要而进行系统化培训，重在提高适应新的任职岗位所需的能力和素质，可以分为初、中、高3个等级，专业技术和管理两大培训领域，紧扣任职岗位的需要，熟悉新岗位相关装备的性能和使用的基本要求，掌握岗位管理的方法和技巧等，培训时间通常为2~3个月，主要由院校组织实施；③职业教育培训，主要是指军士在岗位工作实践的同时，围绕提高自身综合素质需要和专业技术军士专业技能等级的要求，自主进行的职业教育和技能培训，最终获得相应级别学历证书和专业技能资格证书。军事信息通信类军士培养应结合信息系统技术密集的特点，进一步紧贴工作岗位建立职业技能鉴定考核的机制，使鉴定考核内容与部队现实岗位要求挂起钩来，并将考核结果与军士的晋升等级挂起钩来，使职业技能鉴定更好地适应军士现实岗位发展的需要。

第八章　新工科视域下军事信息通信
人才培养质量保证

新工科建设本来就是"卓越工程师教育培养计划"的延续和升级，落点是人才培养，强调的是在不同类型工程人才培养质量上追求卓越，要求按照科学的人才培养质量观，加强质量保证体系建设。人才培养质量保证是推进军事信息通信人才培养模式改革的重要牵引，当前必须以新时代军事教育方针为指导，适应军事信息通信岗位任职需要，着眼培养德才兼备的高素质、专业化新型军事人才，借鉴新工科人才培养质量保证体系构建方法模式，积极探索完善军事信息通信人才培养质量保证体系。

一、基于新工科通用标准制定特色人才培养质量标准

新工科视域下的军事信息通信人才培养质量标准的制定，必须从培养对象出发，紧紧锁定培养目标，经过深入的调研论证后出台。人才培养质量标准是本专业人才培养所必须达到的最低标准，因此，标准的制定要科学准确地把握好尺度，并具有规范性和适用性。此外，随着部队发展或作战样式发生变化，人才培养质量标准的内容也应随之相应调整，具有一定的动态性。总体来看，新工科视域下的军事信息通信人才培养质量标准的制定，要以《中国工程教育任职通用标准》为基础，以军队院校教学评价

相关标准要求为底线，统筹考虑岗位的胜任力和创新力，应重点突出以下 3 个方面内容：

（一）突出学科专业知识

学科专业知识方面主要包括基础知识、应用知识和工具使用等。其中，专业基础知识是指具有从事军事通信领域工作所需数学、自然科学、人文科学等基础知识，掌握工程基础知识、信息技术基础与程序设计等知识，能够应用其基本概念、理论和方法分析军事通信工作中的实际问题；专业应用知识是指具有从事军事通信领域工作所需的通信原理、通信网络基础、信息论与编码基础等专业知识，掌握通信系统与网络基本工作机理，并能够运用于军事通信保障复杂问题的分析；专业工具使用是指能熟练运用文献检索工具，获取通信工程领域理论与技术的最新进展；能熟练使用电子仪器仪表观察分析电子电路、通信系统性能，并能运用图表、公式等手段表达和解决通信工程的设计问题；能开发、选择与使用恰当的技术、资源、现代工程工具和信息技术工具，完成通信系统与网络中复杂工程问题的预测、模拟和仿真分析，能理解其局限性。

（二）突出军人职业属性

军事信息通信人才培养，要坚持面向战场、面向部队，着眼打赢育人才，使培养的学员符合部队建设和未来战争的需要。注重把现代马克思主义战争观、现代战争特点规律、军队根本职能、新时代军队使命任务以及战斗精神等内容渗透到人才培养中，增强军事信息通信人才的忧患意识和使命担当，坚定理想信念、铸牢军魂、锻造忠诚。军事信息通信人才培养质量标准的制定要有效发挥其导向和激励作用，以强军目标为引领，贯彻新时代军事战略方针，聚焦能打仗打胜仗，紧扣部队使命任务和作战训练，牢固树立战斗力这个唯一的根本标准，把军事信息通信人才必备的能力要求具体化、专业化、制度化，根据任务需求的变化不断修订完善，以此支撑培养能够打赢未来信息化智能化战争的高素质新型军事人才。

（三）突出通信岗位技能

军事信息通信人才培养要注重通信岗位技能的培养。指挥管理方向学员，要熟悉典型通信网系装备工作原理和基本战技术性能，会操作运用典型通信装备基本功能，能够依据通信保障方案组织通信站点建立、网系开通；初步掌握通信分队组织指挥的基本方法流程，会组织指挥分队战斗行动、临机处置战术情况，能够带领分队完成通信保障任务；初步掌握通信分队思想政治教育、文化活动组织、心理服务等基层政治工作方法与技能，会组织开展基层政治工作；初步掌握通信分队管理的方法与技能，会开展通信分队经常性管理工作；初步掌握拟制训练计划、备课示教等方法与技能，能够结合条件、依据训练大纲组织通信分队军事训练。通信工程技术方向学员，具备通信系统的分析、设计和开发能力；具备通信系统的运行管理、装备维护和通信保障能力；具备通信系统的研究和创新实践能力。

二、基于 PDCA 管理循环加强人才培养质量监控

PDCA 循环管理方法在 20 世纪 30 年代提出后，由美国质量管理专家戴明进一步完善发展为质量持续改进模型，其主要包括 4 个核心循环节，即计划（Plan）、执行（Do）、检查（Check）与行动（Act）。其中，计划是按照要求，制定活动计

划、方针与目标，并制定实现这些目标的策略；执行是实施计划的阶段，需要保障所有任务都得到执行，以实现既定的目标；检查是检查阶段，对实施过程进行监视和测量，评估是否达到了预期目标，总结结果并反馈意见；行动是行动阶段，即采取措施进一步改进，以提高整体效能。PDCA 循环理论的螺旋式上升、阶梯式改进过程与人才培养评估工作的长期性不断完善改进过程相匹配。因此，新工科视域下军事信息通信人才培养，要借鉴 PD-CA 循环理论，推动人才培养过程持续改进，不断优化完善军事信息通信人才的教学体系，提升人才培养质量效益。

（一）培养评价的指标确立

院校建立健全人才培养质量的监控制度，制定清晰的评价标准体系和评价指标，有助于军事信息通信人才培养目标的达成。科学确立评价指标体系，以常态评价推动军事信息通信人才培养持续改进优化。评价指标要进行体系设计，主要包括培养目标指标、毕业要求指标和持续改进指标，作为人才培养的重点评价指标，具体如下：①培养目标指标重点关注目标定位是否准确合理，是否能够具体可测等；②学员能力指标重点关注学员能力发展是否符合教学目标以及学员核心能力的生成，包括创新能力、领导能力、科学思维能力、解决复杂问题能力、团队协作能力和终身学习能力等；③毕业要求指标重点关注学员是否有效对接未来战场需求和岗位任职要求，是否能够有效支撑培养目标；④持续改进指标重点关注质量保证体系构建是否科学合理、配套完善，培养目标达成评价机制是否完善，教学过程质量监控机制是否健全，学员学习效果是否达到毕业要求，毕业学员跟踪反馈机制是否有效，评价结果是否被用于人才培养持续改进、反馈是否及时、改进是否有效等。

（二）培养过程的多方监控

对人才培养质量的监控应该全方位、多角度、宽层次。其中，教学质量的监控要建立多维度和多层级的监控体系，包括督导监控、教务监控、系室监控和学生评教等，要注重督导、教务处、系室和学生监控的权重分布合理。此外，对于理论课和实践课程的监控侧重点应不同，对于线下教学和线上线下混合式教学的监控方式也要有所差别。应当明确不同类型课程的监控重点、监控方法和评价标准，以培养军队真正需要的军事信息通信人才为最终目标。

（三）培养效果的评估反馈

对人才培养过程的评价需要多个维度的人员共同参与，教务处、督导专家的评价结果应该及时公示，促进教员对发现的问题能够及时总结、认真反思和主动解决，做到精益求精；教员应及时收集学员的反馈信息，了解学员的学习情况，及时调整教学方法；教学团队、教研室应针对教学内容、教学方法和学习成效等方面进行总结和评估，提出改进措施，有针对性地改进教学，提升质量；此外，还应建立毕业学员跟踪反馈机制，及时了解毕业学员任职情况，掌握部队实际需求和学员在部队岗位上的工作情况，有针对性地组织数据分析与教学整改，持续促进人才培养质量的提升。

（四）培养质量的持续提升

军事信息通信人才培养的复杂性及多元化的培养模式，决定了其培养质量的提升不可能一蹴而就，需要在充分调研和实践检验的基础上持续优化、不断改进。因此，需要不断查找分析人才培养过程中存在的问题和不足，将破解矛盾问题作为改进军事信息通信人才培养的重要依据，通过以问题为导向的持续改进，循序渐进地提升人才培养质量。具体来看，就是需要借鉴和运用PDCA循环理论的内在运行机制，结合作战样式变化、信息技术和武器装备的升级发展、部队转型建设等对军事信息通信人才能力素质提出的新要求，不断校准、监测、修正人才培养模式，探索构建符合高等教育教学和军事信息通信人才成长规律的新模式，推进人才培养质量的持续提升。

三、推进人才培养方案和课程内容迭代更新

持续改进是指围绕目标不断完善的动态过程，持续改进理念和文化在质量管理中得到了广泛应用，成为现代质量管理体系的一项基本原则。军事信息通信人才培养方案和课程教学内容都应站在人才培养质量的全局出发，按照人才培养方案PDCA大闭环和每门课程PDCA小闭环两个层面的持续改进，协调一致地推动人才培养质量的提升。

（一）人才培养方案动态修订

人才培养是一个长期的过程，在方案执行过程中，可能会出现培养需求发生重大变化或者出现重大问题等情况，因此，人才培养方案需要根据培养需求、执行情况和培养效果进行动态的修订，不断优化迭代更新。主要从学时和课程设置两个方面进行优化。一是学时优化调整。人才培养方案教学时间的制定是根据学员的学习基础、认知能力和成长规划，甄选典型专业课程测定的课程学时。随着信息化手段的不断丰富，线上线下混合式教学方式也越来越多的应用到教学实施中。对于课内学时的制定也不是越多越好，而是要以学员为中心，遵循学为主体、能力为本的原

则，强化学员课外学习对课内教学的补充作用，制定合理的课内学时数，并随着教学实施的变化，动态调整优化。二是课程设置优化调整。课程是人才培养的重要载体和核心要素，直接关系到学生知识的获得和后续能力的培养。军事信息通信人才培养，必须按照"胜任力+创新力"的培养目标，遵循更加注重首次任职岗位胜任能力培养，更加注重创新精神的培育，更加注重运用多学科知识解决通信领域的复杂工程问题的思路，优化课程体系设置。

（二）专业基础课程优化整合

课程是人才培养的重要载体和核心要素，直接关系到学生知识的获得和后续能力的培养。军事信息通信人才培养助攻的专业基础课程优化整合主要包括以下3个方面。一是夯实公共基础和通识课程。按照政治理论、军事基础（含领导管理）、科学文化、自然科学、人文科学和公共工具5个系列，开设公共基础和通识课程。融入习近平强军思想等政治理论知识、多域精确战等前沿军事理论知识、现代电子信息科学等自然科学知识、军事伦理与心理等人文科学知识、建模仿真等公共工具运用知识，提升公共基础课程的时代性和前沿性。适应学科交叉融合发展趋势，适当开设一些多学科交叉融合的综合性课程，使学员的基础知识和专业知识能够得到共同发展，构建军、理、工、管等学科相互渗透的课程体系。二是拓展通信工程和军事类基础课程。着眼适应工程认证标准要求，借鉴国内知名高校做法，将《高频电子线路》《数字信号处理》《信息网络安全基础》《模拟电子技术实践》等课程提前到工程基础与专业基础课程模块，将《工程伦理》等课程列为限制性选修课程。紧贴军事信息通信类专业方向，积极推动基础课程升级改造，动态补充新理念、新技术、新装备、新战法，持续提升教学内容的创新性、挑战度。保证教学内容与时代发展同步、与军事变革合拍、与使命任务契合。三是增加学科专业前沿动态课程。着眼拓展学员视野，提高学员长远发展能力，紧贴信息通信技术和军事通信理论创新，开设学科导论课程和前沿研讨课程，围绕下一代网络、大数据、网云融合等热点问题和学员普遍感兴趣的问题，扩充学员知识。着眼提高学员通信系统研究与创新实践能力，增加《5G 与未来通信》《大数据技术基础》和《通信工程专业设计》等紧贴学科前沿且与研究生培养密切关联的专业课程。

（三）岗位任职课程持续改进

以军队院校全面服务于部队建设、服务于备战打仗为目标，强力推进教战一致、训战耦合知识体系构建，瞄准打赢未来信息化、智能化战争，围绕军队建管用训保等领域，丰富拓展网络信息体系构建运用、新型作战力量建设、现代管理理论、管理信息化智能化、网电空间作战、有人无人协同作战、分布式交互式训练、多域精确保障、智能化保障等应用知识，形成支撑世界一流军队建设的军事应用知识体系。此外，要合理设置通识课程和专业课程的比重，努力提供多样化、宽领域的选修课程。岗位任职课程中的实践课程是军事信息通信人才核心素养培育的最直接有效的途径，可以使学员通过实践操作夯实专业知识基础，提升专业知识的系统化，锻炼创新实践能力，主要可从以下 3 个方面进行强化。一是依托专业课程设置实践教学项目。按照"循序渐进、逐步晋级，先易后难、由浅入深"的原则，专业课程设置若干 8 学时以内的课内实践项目，在夯实学员知识基础的同时，重点培养提高独立分析问题和解决问题的能力，以及项目组成员的团队协作意识。二是设置综合实践实训教学项目。按照集中设置、编组作业的方式，依托综合训练场地，开设军事基础综合训练、通信装备组网训练、综合演练等综合实践项目，提升学员的专业综合素质和指挥管理能力。三是依托联教联训基地开展部队岗位实践教学项目。依托典型信息通信部队建立联教联训基地，区分岗位认知实践和首次任职岗位实习两次不同目标定位的实践教学项目，以部队任职岗位为课堂，以一线官兵为教员，以部队工作生活实践为载体，锻炼学员适应任职岗位的能力。

参考文献

[1] 钟登华. 新工科建设的内涵与行动 [J]. 高等工程教育研究, 2017 (3): 1-6.

[2] 林健. 面向未来的中国新工科建设——新理念、新模式、新突破 [M]. 北京: 高等教育出版社, 2021.

[3] 吴爱华, 侯永峰, 杨秋波, 等. 加快发展和建设新工科主动适应和引领新经济 [J]. 高等工程教育研究, 2017 (1): 1-9.

[4] 姜晓坤, 朱泓, 李志义. 新工科人才培养新模式 [J]. 高教发展与评估, 2018 (2): 17-24, 103.

[5] 卞鸿巍. 新工科建设的经验与启示 [J]. 海军院校教育, 2019 (2): 69-72.

[6] 刘双科, 叶益聪, 李宇杰, 等. 强军新工科视域下的军校工科专业人才培养方案研究 [J]. 高等教育研究学报, 2021 (1): 114-120.

[7] 郑群. 关于人才培养模式的概念与构成 [J]. 河南师范大学学报 (哲学社会科学版), 2004 (1): 187-188.

[8] 栾中, 王辉, 苏勇. 空军飞行院校人才培养模式研究 [M]. 北京: 科学出版社, 2015.

[9] 董泽芳. 高校人才培养模式的概念界定与要素解析 [J]. 大学教育科学, 2012 (3): 30-36.

[10] 莫甲凤. 研究型大学本科人才培养模式改革 [M]. 北京: 科学出版社, 2020.

[11] 龙奋杰, 邵芳. 新工科人才的新能力及其培养实践 [J]. 高等工程教育研究, 2018 (5): 35-40.

[12] 赵雷, 常晓天, 史丽娟, 等. 新工科背景下人才培养模式转型的思考 [J]. 白城师范学院学报, 2020 (6): 67-69.

[13] 王松博. 新工科建设背景下地方高校工科人才培养模式改革研究 [D]. 桂林: 广西师范大学, 2019.

［14］尹晶，刘春艳，崔艳群．"新工科"视域下应用型本科院校人才培养模式的探析［J］．科技教育，2020（3）：104-105.

［15］杨耀辉．从国家"新工科"建设看军队本科生首次任职教育［J］．军事通信学术，2020（2）：59-62.

［16］陈成法，刘增勇，李玉兰．"新工科"背景下军队院校人才培养模式的思考［J］．军事交通学院学报，2019（9）：54-57.

［17］汤俊，江小平，老松杨．强军新工科专业体系设置研究［J］．高等教育研究学报，2022（1）：75-80.

［18］柏林元，曾拥华，苏正炼，等．工程兵生长军官融合式培养模式研究［J］．科技创新与生产力，2021（6）：54-57.

［19］鲁建宏，刘建国．信息指挥管理人才集约培养之构想［J］．军事通信学术，2009（6）：58-59.

［20］倪倩，李锋锐．联合作战信息通信人才胜任力培养初探［J］．海军院校教育，2018（5）：94-97.

［21］郭文普，杨百龙，徐东辉．火箭军军种特色通信专业人才培养体系研究［J］．火箭军院校教育，2019（3）：54-56.

［22］李锋锐，张春晓，刘宏程．把握新时代军队院校教育特点与规律，培育高素质专业化新型信息通信人才［J］．军事通信学术，2020（4）：43-45.

［23］孙军，肖孟，王丹．论联合作战信息通信人才培养教学手段与方法创新［J］．军事通信学术，2019（5）：60-61.

［24］周继文，王建锋，桑春锋．联合作战信息保障专业人才培养模式改革探究［J］．军事通信学术，2019（3）：59-62.

［25］许丹，老松杨，黄金才，等．强军新工科背景下指挥决策领域联合作战保障人才能力素质模型探究［J］．高等教育研究学报，2022（1）：64-68.

［26］孙如军，李泽，孟德华．新工科背景下应用型人才培养模式研究［J］．黑龙江教育，2021（3）：51-53.

［27］符学龙，蒋道霞，嵇正波．新工科建设背景"工管融合"人才培养体系构建与探究［J］．黑龙江教育，2021（3）：51-53.

［28］童芸芸．新工科背景下应用型人才培养教育研究及教学改革［C］．杭州：浙江大学出版社，2018.

［29］钱国英，徐立清，应雄．高等教育转型与应用型本科人才培养［M］．杭州：浙江大学出版社，2007.

［30］张博文．新军事变革背景下我国军事人才培养模式改革研究［M］．北京：中国社会科学出版社，2017．

［31］周雷，王保华，李民．以"新军科"建设引领军事高等教育创新变革——试论新时代生长军官人才培养体系的重构［J］．信息工程大学学报，2019（5）：629-634.

［32］李冬，王永杰，厉梦圆．军事学本科专业建设基本定位探析［J］．中国军事教育，2022（4）：35-38.

［33］李延华．新时代军事教育的科学指南［M］．北京：国防大学出版社，2022．

［34］老松杨．强军新工科研究［M］．北京：国防工业出版社，2023．